LINGUAGEM MATEMÁTICA NA EDUCAÇÃO INFANTIL

EXPERIÊNCIAS NO TERRITÓRIO DOS BEBÊS E DAS CRIANÇAS BEM PEQUENAS

COLEÇÃO TENDÊNCIAS EM EDUCAÇÃO MATEMÁTICA

LINGUAGEM MATEMÁTICA NA EDUCAÇÃO INFANTIL

EXPERIÊNCIAS NO TERRITÓRIO DOS BEBÊS E DAS CRIANÇAS BEM PEQUENAS

Klinger Teodoro Ciríaco
Priscila Domingues de Azevedo

autêntica

EDITORAS RESPONSÁVEIS
Rejane Dias
Cecília Martins

REVISÃO
Anna Izabella Miranda

CAPA
Alberto Bittencourt

DIAGRAMAÇÃO
Guilherme Fagundes

Dados Internacionais de Catalogação na Publicação (CIP)
(Câmara Brasileira do Livro, SP, Brasil)

Ciríaco, Klinger Teodoro
Linguagem matemática na educação infantil : experiências no território dos bebês e das crianças bem pequenas / Klinger Teodoro Ciríaco, Priscila Domingues de Azevedo ; [coordenação Marcelo de Carvalho Borba]. -- 1. ed. -- Belo Horizonte, MG : Autêntica Editora, 2024. -- (Tendências em educação matemática)

ISBN 978-65-5928-475-7

1. Crianças - Educação 2. Educação infantil 3. Escolas públicas 4. Linguagem matemática 5. Matemática (Educação infantil) I. Azevedo, Priscila Domingues de. II. Borba, Marcelo de Carvalho. III. Título. IV. Série.

24-228988 CDD-370.71

Índices para catálogo sistemático:
1. Professores : Formação : Educação 370.71

Eliete Marques da Silva - Bibliotecária - CRB-8/9380

Belo Horizonte
Rua Carlos Turner, 420
Silveira . 31140-520
Belo Horizonte . MG
Tel.: (55 31) 3465 4500

São Paulo
Av. Paulista, 2.073 . Conjunto Nacional
Horsa I . Salas 404-406 . Bela Vista
01311-940 . São Paulo . SP
Tel.: (55 11) 3034 4468

www.grupoautentica.com.br
SAC: atendimentoleitor@grupoautentica.com.br

Dedicamos a escrita e o conteúdo deste livro a todas as profissionais da Educação Infantil, especialmente às professoras de creche! Pelo esforço e dedicação ao trabalho, todo o nosso RECONHECIMENTO e respeito!

Nota do coordenador

A produção em Educação Matemática cresceu consideravelmente nas últimas duas décadas. Foram teses, dissertações, artigos e livros publicados. Esta coleção surgiu em 2001 com a proposta de apresentar, em cada livro, uma síntese de partes desse imenso trabalho feito por pesquisadores e professores. Ao apresentar uma tendência, pensa-se em um conjunto de reflexões sobre um dado problema. Tendência não é moda, e sim resposta a um dado problema. Esta coleção está em constante desenvolvimento, da mesma forma que a sociedade em geral, e a escola em particular, também está. São dezenas de títulos voltados para o estudante de graduação, especialização, mestrado e doutorado acadêmico e profissional, que podem ser encontrados em diversas bibliotecas.

A coleção Tendências em Educação Matemática é voltada para futuros professores e para profissionais da área que buscam, de diversas formas, refletir sobre essa modalidade denominada Educação Matemática, a qual está embasada no princípio de que todos podem produzir Matemática nas suas diferentes expressões. A coleção busca também apresentar tópicos em Matemática que tiveram desenvolvimentos substanciais nas últimas décadas e que podem se transformar em novas tendências curriculares dos ensinos fundamental, médio e superior. Esta coleção é escrita por pesquisadores em Educação Matemática e em outras áreas da Matemática, com larga experiência docente, que pretendem estreitar as interações entre a Universidade – que produz pesquisa – e os diversos cenários em que se realiza essa educação. Em alguns livros, professores da educação básica se tornaram também autores. Cada livro indica uma extensa bibliografia na qual o leitor poderá buscar um aprofundamento em certas tendências em Educação Matemática.

Neste livro, os autores discutem a Matemática na Educação Infantil, com destaques para o trabalho na creche: crianças de zero a três anos. Para tanto, dialogam com o campo do currículo e da formação de professores, em um movimento de interação com outras obras da coleção. Avançam, assim, na teorização e nas possibilidades de práticas com a linguagem matemática no território de bebês e crianças bem pequenas, ao colocarem em evidência saberes e fazeres nos primeiros meses e anos de vida das crianças. Esta obra apresenta ainda diversos exemplos de como explorar a rotina de grupos infantis, com intencionalidade pedagógica, no cotidiano das instituições de atendimento à infância, a partir do cuidar e educar matematicamente, conceito este cunhado por um dos autores.

*Marcelo de Carvalho Borba**

---

* Marcelo de Carvalho Borba é licenciado em Matemática pela UFRJ, mestre em Educação Matemática pela Unesp (Rio Claro, SP) doutor, nessa mesma área pela Cornell University (Estados Unidos) e livre-docente pela Unesp. Atualmente, é professor do Programa de Pós-Graduação em Educação Matemática da Unesp (PPGEM), coordenador do Grupo de Pesquisa em Informática, Outras Mídias e Educação Matemática (GPIMEM) e desenvolve pesquisas em Educação Matemática, metodologia de pesquisa qualitativa e tecnologias de informação e comunicação. Já ministrou palestras em 15 países, tendo publicado diversos artigos e participado da comissão editorial de vários periódicos no Brasil e no exterior. É editor associado do ZDM (Berlim, Alemanha) e pesquisador 1A do CNPq, além de coordenador da Área de Ensino da CAPES (2018-2022).

Sumário

Ato 3 – A Educação Infantil que queremos

Introdução

Matemática pode ser descoberta, alegria, vida, sonhos, insônias, inquietações..., pode contribuir para paz, auxiliando a compreensão da realidade e as limitações a que socialmente estamos expostos. Matemática pode ser poesia, arte, emoção, fraternidade, expressão de amor... Construímos nossas verdades coletivas, sendo continuamente aprendizes e mestres. Damos o tom e a cor aos espaços dessa construção.
(Lopes, 2003b, p. 49)

Em tempos de uma sociedade da globalização que é consumida pelo viés capitalista-excludente, reforçar a importância do conhecimento produzido cientificamente pelos fazeres e saberes daquelas e daqueles que estão na linha de frente de escolas e instituições de Educação Infantil públicas brasileiras merece papel de destaque na agenda de discussão nacional. Pensar questões educacionais, mesmo que pareçam, à primeira vista, óbvias, faz-se necessário. Dizer aquilo que está evidente (talvez não tão evidente assim) é uma urgência! Nessa direção, a presente obra surge da necessidade de falarmos sobre o desenvolvimento humano, especialmente de uma fase muito rica e promissora para a exploração de uma diversidade de áreas do conhecimento, dentre as quais a linguagem matemática se apresenta. Ou seja, falar "de" e "sobre" bebês e crianças bem pequenas,[1] de zero a três anos.

[1] Adotamos a nomenclatura da Base Nacional Comum Curricular - BNCC (Brasil, 2017), muito embora ao longo do trabalho não adotemos tal documento como fonte de referenciais,

Ancorados em uma leitura interpretativa que encara a criança como protagonista de seu desenvolvimento e aprendizagem, sob o viés da Pedagogia da Infância (Malaguzzi, 1999; Faria, 2005; Oliveira-Formosinho; Kishimoto; Pinazza, 2007; Fochi, 2013; Dahlberg; Moss; Pence, 2019), comprometemo-nos a trazer uma contribuição aos estudos da Educação Infantil,[2] particularmente ao campo da Educação Matemática nos primeiros anos de vida. No bojo dessa questão, buscamos olhar para as atitudes, em relação à Matemática, de educadoras de infância e seus percursos identitários ao participarem de um grupo de estudos de natureza colaborativa: o Grupo de Estudos e Pesquisas "Outros Olhares para a Matemática" (GEOOM).

O referido grupo encontra-se vinculado, desde 2010, à Universidade Federal de São Carlos (UFSCar) em decorrência de sua constituição, que se deu, inicialmente, para a produção de dados para a tese de doutorado de Azevedo (2012). Nossos encontros transcorrem em uma periodicidade quinzenal e intencionam promover a ampliação de conhecimentos e saberes que perspectivam contribuir para o repertório didático-pedagógico com aspectos/noções matemáticas possíveis de serem exploradas desde a mais tenra idade.

Para tanto, como grupo colaborativo, podemos inferir que no GEOOM partimos do pressuposto de que o bebê é sujeito ativo que explora o mundo ao seu redor por meio da capacidade intuitiva e criadora, e que, pelas sensações e emoções, vê, sente, cheira, escuta, degusta e, como saldo desse processo de situar-se no tempo e no espaço em que vive, pode se desenvolver e aprender de forma livre e espontânea a partir de situações organizadas/orientadas pelo adulto-professor (Placco; Souza, 2006). A criança pequena, menor de três anos, é concebida como um ser em plena constituição de sua perso-

haja vista que entendemos ter este um currículo mínimo que, apesar de integrar áreas do conhecimento em vivências, a partir de "campos de experiências", ignora contributos de estudos da Educação Infantil ao associar a perspectiva da ideia de uma organização curricular a "competências" e "habilidades", o que não concordamos.

[2] Referente à pesquisa realizada no período de fevereiro de 2022 a fevereiro de 2025, financiada pelo Conselho Nacional de Desenvolvimento Científico e Tecnológico (CNPq), Edital Universal 18/2021, processo: N.º 403920/2021-3, cujo foco residiu em compreender interações entre professoras de creche com seus infantes em situações de natureza matemática.

nalidade e, portanto, em formação de pensamento e apropriação das diferentes linguagens; ao tomar contato com o mundo externo a si, ela experiencia questões que a levam para a construção do pensamento lógico-matemático.

Dito isso, a infância, neste livro, pode ser remetida ao contexto de um tempo de experiência (Benjamin, 2007), em que as interações e a brincadeira tornam-se os principais eixos do currículo da Educação Infantil. Assim, entender a infância como experiência remete ao fato de que ela não se encontra "[...] vinculada unicamente à faixa etária, à cronologia, a uma etapa psicológica ou a uma temporalidade linear, cumulativa e gradativa, mas ao acontecimento, à arte, ao inusitado, ao intempestivo" (Abramowicz; Levcovitz; Rodrigues, 2009, p. 180).

Nessa perspectiva, o conceito de criança, dada nossa concepção sobre o ser bebê e criança bem pequena, pode ser entendido como:

> [...] sujeito histórico e de direitos que se desenvolve nas interações, relações e práticas cotidianas a ela disponibilizadas e por ela estabelecidas com adultos e crianças de diferentes idades nos grupos e contextos culturais nos quais se insere. Nessas condições ela faz amizades, brinca com água ou terra, faz-de-conta, deseja, aprende, observa, conversa, experimenta, questiona, constrói sentidos sobre o mundo e suas identidades pessoal e coletiva, produzindo cultura (Brasil, 2009, p. 6-7).

Concordamos com Ramos (2018, p. 134) quando a autora destaca que a ideia de "[...] criança protagonista de ações, competente socialmente, dona de uma curiosidade investigativa original que lhe permite aproveitar todas as situações interativas e exploratórias das quais participa para produzir conhecimentos [...]" implica percebê-la a partir de situações não verbais cotidianas que dão à Educação Infantil sentidos para sua existência enquanto instância de formação integral do sujeito.

Assim, a infância é lida como conceito plural devido a seu caráter histórico, social e político, e o conceito de bebê/criança, como ser singular que apresenta características únicas devido ao contexto em que vive no seio de socialização primária (a família).

Dessa maneira, como professora e professor da Educação Infantil e na condição de leitores críticos e pesquisadores, buscamos demarcar um terreno de investigação fértil e ainda pouco explorado: o da linguagem matemática no trabalho pedagógico com crianças de zero a três anos de idade.

Frente à defesa da emergência de um conceito, cunhado por Ciríaco (2020), concordamos que, na Educação Infantil, precisamos "cuidar e educar matematicamente" a partir de situações cotidianas na própria rotina dos bebês e das crianças bem pequenas, como na recepção, nas refeições, na hora do banho, no trocar de fraldas, no parque, na areia, na hora do sono e nas diversas vivências ligadas às múltiplas linguagens e formas de expressão (emocionais, orais, escritas, artísticas, culturais, entre outras).

> Ao se reportar para a Educação Matemática e sua abordagem com a criança pequena, chamo a atenção para o fato de que, desenvolvendo-se ecologicamente, não nos faz sentido ter um dia "de aula", nem levar em consideração este termo, pois no que respeita ao desenvolvimento humano, as interações e brincadeiras, tal como especificam as Diretrizes Curriculares Nacionais para a Educação Infantil (Brasil, 2010), são a base/o pressuposto à constituição do currículo na creche e na pré-escola (Ciríaco, 2020, p. 16).

Logo, o leitor encontrará aqui três atos (capítulos), para além desta introdução e das considerações finais, os quais indicam uma das múltiplas formas de se pensar a Educação Infantil no Brasil em defesa da profissionalização docente da professora de creche.

O primeiro *ato* objetiva discutir o currículo e as possibilidades, em concordância com a literatura especializada na temática, com a Educação Matemática na Educação Infantil. Assim, explora os sensos matemáticos possíveis para se trabalhar com bebês e crianças bem pequenas.

O segundo *ato* situa o contexto da metodologia de trabalho, no campo da formação continuada. Apresenta-se a abordagem metodológica, os instrumentos de produção de dados recorridos, como também a caracterização das professoras que passaram a inserirem-se no território[3] dos bebês e das crianças bem pequenas, ancoradas em práticas pedagógicas intencionais e de caráter lúdico-exploratório. Expõe-se, assim, o conteúdo decorrente das interações entre professoras de bebês/crianças bem pequenas e o processo de mediação pedagógica com a linguagem matemática na creche.

O terceiro *ato* destaca perspectivas históricas da luta por um atendimento à infância de qualidade na busca por uma educação de bebês e crianças como espaço pedagógico de atuação pela professora/pelo professor. Ainda aponta para os conhecimentos necessários à docência na Educação Infantil.

Por fim, nas considerações finais, fincamos estacas ao conceituarmos elementos presentes na mobilização dos saberes e fazeres das professoras, observando as potencialidades, limites e perspectivas futuras no exercício da docência com crianças de zero a três anos.

[3] Entendemos, em concordância com Santos (2002, p. 10), o conceito de território não apenas como "conjunto dos sistemas naturais e de sistemas de coisas superpostas", mas também como "território usado", o que para o referido autor é "o chão mais a identidade".

ATO 1
CURRÍCULO DA INFÂNCIA

Currículo da Educação Infantil e Educação Matemática na infância

Seus ritmos, seus próprios ritmos requerem grande respeito. A solidariedade dos adultos é necessária para lutar contra as pressões aceleradas e contra a pressa que faz com que as crianças cresçam fora da infância. Essa pressa é um sinal traiçoeiro da subversão das relações biológicas, psicológicas e culturais que está presentemente em voga, mas é também um sinal de profunda insegurança e perda de perspectiva.

(Malaguzzi, 1999 citado por Haddad, 1998, p. 18)

Dada a discussão sobre a Educação Infantil brasileira, a política de atendimento à infância, o debate sobre as questões que envolvem a formação de professores(as) e a organização do trabalho pedagógico intencional com bebês e crianças bem pequenas (zero a três anos), refletiremos neste capítulo sobre o currículo da Educação Infantil e o campo da Educação Matemática.

A epígrafe do pedagogo italiano Loris Malaguzzi nos faz refletir sobre a calma, o respeito e a solidariedade que precisamos ter com o tempo da infância. É preciso de tempo; a pressa nos tira a paz, nos aprisiona e aprisiona os bebês e as crianças. É preciso sentir, intuir, atuar verdadeiramente como um(a) profissional docente, e então, em meio à agitação, caos e muitas coisas acontecendo ao mesmo tempo, podemos nos inspirar em Larrosa (2002, p. 24) para entendermos sobre o currículo que se faz dentro da Educação Infantil:

> [...] parar para pensar, parar para olhar, parar para escutar, pensar mais devagar, olhar mais devagar, e escutar mais devagar; parar para sentir, sentir mais devagar, demorar-se nos detalhes, [...] cultivar a atenção e a delicadeza, abrir os olhos e ouvidos, falar sobre o que

> nos acontece, aprender a lentidão, escutar aos outros, cultivar a arte do encontro, calar muito, ter paciência e dar-se tempo e espaço.

Diante disso, precisamos transformar os espaços e tempos da Educação Infantil em algo que vai do ordinário ao extraordinário. Dessa forma, cabe aqui discutirmos um pouco sobre o currículo atual da educação da infância brasileira, entendendo que o currículo não deve envolver somente questões cognoscitivas de aprendizagem, mas também aspectos sociológicos para interpretar a realidade. Além disso, o tempo e o espaço histórico precisam ser considerados.

Nesse sentido, vale ressaltar que, no Brasil, Madalena Freire (1983) foi uma das pioneiras a registrar o cotidiano da Educação Infantil, mostrando que as crianças são sujeitos que constroem seu processo de conhecimento sem separar o cognitivo e o afetivo, e, assim, desenvolvendo uma relação dinâmica e prazerosa, elas conhecem o mundo. As experiências descritas com registros, desenhos e fotografias revelam um currículo que envolve o conhecimento de proposições e predisposições perceptivas, sensoriais, emocionais e intelectuais.

As discussões sobre o currículo da Educação Infantil e da Educação Matemática na infância são fundamentais, bem como a mudança na prática pedagógica, que requer permanentemente uma reflexão e formação de nossa parte enquanto educadores(as).

O currículo da educação da infância brasileira

A formação do currículo é permeada por territórios de embates, transgressões e mudanças, que são atrelados à concepção de criança, infância, Educação Infantil e docência. Primeiramente, precisamos entender que o currículo também é influenciado pelo(a) professor(a), por sua formação e, consequentemente, por seu desenvolvimento profissional.

Embora haja as Diretrizes Curriculares Nacionais para a Educação Infantil – DCNEI (Brasil, 2010) e a Base Nacional Comum Curricular – BNCC (Brasil, 2017), há currículos que concebem "alunos", "tias", "salas de aula", "aulas" e "escola para bebês e crianças", que visam *o que a criança será quando crescer*; há outros tipos de currículos que concebem "bebês", "crianças bem pequenas" e "crianças pequenas", "professores(as)", "salas", "vivências" e "experiências" e "instituição de Educação Infantil", que visam *a infância hoje*. Esses conceitos refletem as concepções que regem os diferentes currículos das instituições de Educação Infantil brasileiras.

O primeiro tipo de currículo, rígido e fechado, muitas vezes é transgredido pelos próprios bebês e crianças. Nossa concepção envolve o segundo tipo de currículo, e se ele não acontecer, desejamos que os bebês e as crianças criem brechas no sistema e sejam resistência enquanto categoria social (Tebet, 2018). Infelizmente, alguns currículos prescritos dos municípios ou sistemas de ensino engessam o trabalho do(a) professor(a); muitos separam o currículo em conteúdos.

Ter um currículo na instituição de Educação Infantil, no município e no país, é fundamental. A pesquisa de Ciríaco (2012) constatou que as propostas pedagógicas são elaboradas pelas professoras ou retiradas de materiais de apoio, como *sites* da internet, livros, apostilas, entre outros. Trata-se de uma realidade não recomendável quando se trabalha com uma etapa da vida fundamental: a do desenvolvimento humano.

É preciso tomar cuidado para não fragmentar o currículo em disciplinas; embora existam muitas vezes vivências exploratórias, isso não é o suficiente. É preciso haver uma articulação entre as linguagens e o espaço para brincar. O currículo vivido não pode ser só aquele inspirado em Pinterest, YouTube, Google, etc., é preciso ter uma base sólida de formação profissional, que se adquire na formação inicial e continuada de professores(as) em ambientes que promovam a autonomia e o processo de reflexão.

Alguns municípios brasileiros adotam livros didáticos ou apostilas na Educação Infantil. Diversos materiais trazem um currículo linear, fazendo com que a criança não construa um conhecimento com significado. Muitas vezes crianças de dois a três anos de idade já utilizam esses materiais, que acabam engessando o trabalho pedagógico do(a) professor(a), tirando sua autonomia pedagógica e tomando tempo da rotina, na qual se poderia propor mais vivências e experiências em áreas externas, com contato com a natureza, envolvendo as interações e as brincadeiras como eixos curriculares centrais do processo de cuidado e educação.

De acordo com Ciríaco (2012), pesquisas e experiências nos têm mostrado que o início da aprendizagem do conhecimento remete a um dos momentos mais importantes na vida dos bebês e das crianças (Lopes, 2003a; Smole; Diniz; Cândido, 2003; Lorenzato, 2006, entre outros). Entendemos, a partir dos estudos desenvolvidos, que o primeiro contato do bebê e da criança com um determinado conceito pode dar origem ou não à disponibilidade para desenvolvê-lo e aprendê-lo.

Quando refletimos sobre currículo, questionamo-nos acerca de quais conhecimentos são fundamentais e indispensáveis à formação dos bebês e das crianças bem pequenas. Primeiramente, precisamos conceber a Educação Infantil como um espaço pedagógico intencional, um lugar onde se vive a infância, com um currículo vivo que visa ao desenvolvimento de vivências complementares e indissociáveis ligadas ao cuidado e à educação em diferentes tempos e espaços da rotina diária em que o processo educativo ocorre, se organiza e se materializa.

Tal constatação remete-nos à questão: o que é ser bebê e criança bem pequena na Educação Infantil e viver o tempo da infância?

Na educação dos bebês e crianças menores de seis anos, as relações culturais, sociais e familiares têm uma dimensão muito importante no ato pedagógico. É preciso garantir o direito ao bem-estar, à expressão, ao movimento, à segurança, à brincadeira, à natureza, e também ao conhecimento e ao que será produzido, visto que os bebês e as crianças são protagonistas do seu processo de desenvolvimento e aprendizagem como produtores de cultura. Assim, para refletir sobre o cuidado e a educação dos bebês e das crianças bem pequenas, é necessário compreender o que é infância, Educação Infantil e formação de profissionais dessa etapa educacional.

Dessa forma, notamos que há uma diferença entre o currículo prescrito e o currículo vivido na Educação Infantil (Freire, 1983). O currículo vivido, diversificado, particular a cada realidade brasileira, vivo, aberto e reflexível, é o que desejamos (Santos, 2018). A aplicação desse currículo vai depender de condições importantes referentes aos ambientes de aprendizagem, que devem ser bem equipados e apresentar uma razão adulto-criança plausível - segundo Haddad (2010, p. 431), "[...] existe um consenso de que uma quantidade menor de crianças ajuda a promover a comunicação entre pares e o engajamento conjunto em projetos e trabalho em grupo de acordo com suas afinidades e interesses".

De acordo com Haddad (2010, p. 434), a pedagogia Reggio Emilia, que atualmente envolve treze países, influencia a propagação da "[...] visão de criança que pensa e age por si mesma e [d] a 'pedagogia da escuta' que respeita os esforços das crianças em produzir significado de suas experiências". Haddad (2010) aponta também posições antagônicas no cenário brasileiro quando se discute currículo, que se situam num contínuo entre uma abordagem de prontidão à escola e outra que busca uma identidade própria à Educação Infantil.

Percebe-se que a valorização de brincadeiras infantis, jogos e atividades exploratórias na Educação Infantil não só tem enriquecido o currículo, mas também garantido os direitos dos bebês e das crianças ao possibilitar que brinquem. O direito à educação e ao lazer é garantido pela Organização das Nações Unidas (ONU) desde 1959, e reafirmado em vários documentos oficiais, como na Constituição Federal Brasileira (1988) e no Estatuto da Criança e do Adolescente - ECA (1990).

Como se dá o currículo na Educação Infantil?

Um currículo deve garantir ao bebê e à criança, além do acesso aos processos de apropriação, renovação e articulação de conhecimentos e aprendizagens, tais como a linguagem oral e escrita, as práticas de letramento, a linguagem matemática e as linguagens expressivas (música, artes plásticas e gráficas, cinema, fotografia, dança, teatro, poesia e literatura), o acesso à linguagem científica e tecnológica, em articulação com a educação ambiental, a educação emocional e a educação para as questão étnico-raciais, de gênero e de sexualidade, entre outras.

Kishimoto (2005, p. 185) afirma que:

> Faltam Pedagogias que dão voz às crianças, que utilizam as observações do cotidiano, as histórias de vidas nas quais crianças, pais, professores(as) e a comunidade, como protagonistas, assumem o brincar como eixo entre o passado e o presente, entre a casa e a unidade infantil, entre o imaginário e a realidade, constituindo-se em uma rede que estimula a comunicação, a aprendizagem e o desenvolvimento infantil.

Pensar num currículo para a Educação Infantil é pensar num currículo que contemple a "Pedagogia da infância que envolve as velhas ambivalências: liberdade-subordinação, dependência-autonomia, atenção-controle, inerentes à relação infância e Pedagogia" (Rocha, 2000, p. 12).

De acordo com as Diretrizes Curriculares Nacionais para a Educação Infantil - DCNEI (Brasil, 2010), é importante valorizar no currículo as diferentes linguagens e os diferentes grupos étnicos. Nessa leitura do documento, respeitar a diversidade requer que grupos minoritários sejam apoiados para dar continuidade às suas próprias práticas de cuidado e educação.

É necessário ter uma perspectiva frente à Educação Infantil que valorize a infância da criança de zero a cinco anos e onze meses. Pensar num currículo para a Educação Infantil que contemple "o que" ensinar envolve a consciência de ampliar nas crianças suas competências, linguagens, cognição e socialização. É lugar da contraposição científica, artística, cultural e política do conhecimento (Azevedo, 2007). A partir desses aspectos, é possível pensar nas diferentes linguagens que se vinculam com as dinâmicas das necessidades humanas.

Defendemos um currículo que privilegie as condições e características emergentes da criança, como sensibilidade (estética e interpessoal), solidariedade (intelectual e comportamental) e senso crítico (autonomia, pensamento divergente) (Oliveira, 2011b), construindo assim uma formação indispensável para o exercício da cidadania.

Nas determinações da Lei n.º 9.394, de 20 de dezembro de 1996, Artigo 30 § 1º: "o currículo da educação infantil terá orientação nacional [...], a ser complementada no âmbito de cada Estado ou Município

[...] cabendo a cada instituição de educação infantil a montagem de sua proposta curricular" (Brasil, 1996).

Embora a Educação Infantil seja obrigatória no Brasil somente para as crianças de quatro a cinco anos e onze meses, os bebês e as crianças bem pequenas também têm direito à Educação Infantil e esta deve ser de qualidade, visando o desenvolvimento pleno da infância, visto que se trata da primeira etapa da educação básica.

> Para Bennett (2004), a educação infantil colocou um dilema aos desenhistas de currículo. Por um lado, existe a necessidade de orientar os profissionais das instituições, especialmente quando eles têm baixa escolaridade e pouca formação. Nesse caso, um currículo ajuda a assegurar que o pessoal cubra áreas importantes de aprendizagem, adote uma abordagem pedagógica comum e alcance certo nível de qualidade nos diferentes grupos etários e regiões de um país (Haddad, 2010, p. 429).

O ideal seria construir esse currículo com os bebês e as crianças. Os(as) pedagogos(as) têm suas responsabilidades no contexto das instituições de Educação Infantil; eles(as) não precisam "controlar" tudo, ordenar o cotidiano infantil. A lógica do mundo "adultocêntrico" não deveria prevalecer nos currículos. A partir das atividades lúdicas, brincadeiras, músicas, resolução de problemas, receitas, explorações espaço-temporais, histórias infantis, e do contato com a natureza, é possível planejar um conjunto de práticas pedagógicas que contemplem as diferentes linguagens e um currículo que acolhe os seres presentes, bebês e crianças (Edwards; Gandini; Forman, 1999).

De acordo com Haddad (2010), há algumas tensões quando debatemos sobre currículo na Educação Infantil, uma delas diz respeito à questão: priorizar o desenvolvimento infantil ou preparar a criança para o Ensino Fundamental? "As outras tensões identificadas são: 'A importância da família versus Estado'; 'Poder centralizado versus descentralizado'; 'Controle profissional versus parental sobre os objetivos e conteúdos dos programas'; e mudanças de padrões" (Cochran, 1993 citado por Haddad, 2010, p. 421).

Cada instituição tem plena autonomia para elaborar seu próprio currículo guiado pelas Diretrizes Curriculares Nacionais para a Educação Infantil e pela Base Nacional Comum Curricular, priorizando o desenvolvimento e a aprendizagem por meio do brincar, da interação entre crianças de mesma idade e de idades diferentes, das vivências e experiências, da liberdade de movimento, da exploração de áreas externas e de elementos da natureza, e da investigação. O trabalho por meio de projetos (Lopes, 2003a) com as crianças pode possibilitar práticas cooperativas e colaborativas, além de proporcionar a construção de compreensões partilhadas e mais complexas dos temas escolhidos.

Lidar com o currículo é um desafio, pois exige dos(as) profissionais um conhecimento teórico do campo da Educação. A coerência entre a teoria e a prática de um currículo dependerá da nossa concepção de bebê, criança, infância, Educação Infantil e docência. De acordo com Tardif (2007, p. 263), um professor em uma situação real recorre a distintas estratégias, visto que ele:

> [...] raramente tem uma teoria ou uma concepção unitária de sua prática; ao contrário, os professores utilizam muitas teorias, concepções e técnicas, conforme a necessidade, mesmo que pareçam contraditórias para pesquisadores universitários. Sua relação com o saber não é a de busca de coerência, mas de utilização integrada no trabalho, em função de vários objetivos que procuram atingir simultaneamente.

O currículo da Educação Infantil precisa ser conhecido por todos, por toda comunidade, crianças, familiares, diretores, coordenadores pedagógicos, entre outros envolvidos direta ou indiretamente no processo educativo. Ter um currículo para a Educação Infantil reflete a necessidade de reconhecer e atender aos direitos dos bebês e das crianças, até hoje diversificados e buscados por vários agentes da sociedade.

Um bom currículo para a Educação Infantil é aquele que considera e respeita a infância e a especificidade do ser bebê e ser criança na sociedade; isto é, ao organizarmos o trabalho pedagógico no currículo na educação dos bebês e das crianças de cinco anos e onze meses, devemos respeitar seus direitos e especificidades. Por exemplo, uma boa carta de intenções[4] dos(as) professores(as) pode dizer muito sobre o currículo que defendem e realizam.

Os currículos são vivos e devem estar em constante processo de mudança, pois a sociedade muda, os bebês e as crianças mudam, e novas necessidades surgem. O currículo não é só um documento formal; a responsabilidade dos sistemas municipais na reelaboração curricular constante é fundamental.

Um verdadeiro currículo pode ser construído com toda a equipe de uma instituição de Educação Infantil, como professores(as), estagiários(as), coordenadores(as) pedagógicos(as), diretores(as), auxiliares de creche, nutricionistas, enfermeiros(as), psicólogos(as), técnicos(as) administrativos(as), educadores(as) especiais, cozinheiros(as) etc. O compartilhamento de experiências entre a equipe pode enriquecer o planejamento curricular, sempre com foco no bebê e na criança.

Uma proposta curricular diz muito sobre quem a concebe, sobre concepções de Educação, Educação Infantil e Educação Matemática, e deve objetivar o desenvolvimento integral e a aprendizagem dos bebês e das crianças. Tudo deve ser previsto, planejado e executado para que os bebês e as crianças estabeleçam relações cognitivas, afetivas, motoras, integrais e sociais com o seu contexto, experimentando a realidade e criando teorias e interpretações sobre ela.

O currículo precisa envolver a vivência e a experimentação na Educação Infantil, um trabalho pedagógico integral e a participação ativa dos bebês e das crianças. Precisa valorizar o movimento natural da criança de querer entender o mundo em que se encontra; a magia;

[4] A carta de intenções é dirigida aos bebês, às crianças e às suas famílias e elaborada no final do processo de adaptação (um ou dois meses depois do contato inicial, para ter a percepção das necessidades reais do grupo). Ela reflete as intencionalidades pedagógicas que a professora da turma tem para com o grupo que está trabalhando e seu compromisso com os bebês, as crianças e suas famílias, visando conduzir o planejamento ao longo do ano e refletindo sobre as concepções de criança, infância e Educação Infantil, numa posição de escuta sensível que busca construir, coletivamente, experiências intencionais pedagógicas que favorecerão o desenvolvimento integral e a aprendizagem. Paulo Freire, em 1997, nos inspirou nessa proposta de carta com a obra *Professora sim, tia não: cartas a quem ousa a ensinar*.

a ludicidade; o movimento; o afeto; a autonomia; a criatividade e o protagonismo infantil.

O empobrecimento do currículo ecoa práticas vazias, sem intencionalidade pedagógica, do brincar pelo brincar, sem o olhar atento do(a) professor(a).

Muitas vezes, os(as) profissionais são obrigados(as) a seguirem um currículo posto, mas não são convidados(as) a participarem da sua elaboração e encontrar soluções coletivas aos desafios do trabalho pedagógico, especialmente na creche, onde lidam com crianças menores de três anos. Práticas pedagógicas precárias e pouco flexíveis refletem um currículo rígido e uma desvalorização da profissionalidade docente e da cultura infantil.

É preciso levar o currículo para a infância mais a sério, mas isso não quer dizer enchê-lo de conteúdos, e sim transgredir e insubordinar práticas tradicionais, por uma Pedagogia da Infância.

Objetivos do trabalho com a linguagem matemática na creche

> *Há muito se reconhece que as experiências dos primeiros anos de vida exercem forte influência em todos os anos seguintes. [...] É frequente a criança apresentar uma forte imaginação ou criatividade, mas ela é impotente na generalização e na simplificação; ela varia com facilidade do bizarro sem sentido ao misterioso, do inesperado sábio ao tolo simplista. A mente nova parece a de um gênio com teorias equivocadas. Sua forte ingenuidade a leva constantemente a contradições. E é com essas crianças que trabalharemos.*
> (Lorenzato, 2006, p. 3)

Embora não queiramos reforçar conteúdos de aprendizagem na Educação Infantil, visto que novos entendimentos de sociedade, bebê, criança pequena e suas aprendizagens estão postos, sabemos que a iniciação à Matemática na infância é fundamental. Ao se reconhecer isso, pesquisadores (Smole; Diniz; Cândido, 2000a; 2000b; Lopes, 2003b; Lorenzato, 2006; Grando; Toricelli; Nacarato, 2008; Azevedo; Ciríaco, 2020) mostraram que o trabalho com a Matemática na infância deve encorajar a exploração de um amplo conjunto de ideias matemáticas que envolvem: procedimentos mentais básicos, números, grandezas, medidas, espaço, forma, noções de estatística e pensamento algébrico.

Figura 1 – O campo da linguagem matemática na Educação Infantil e seus temas

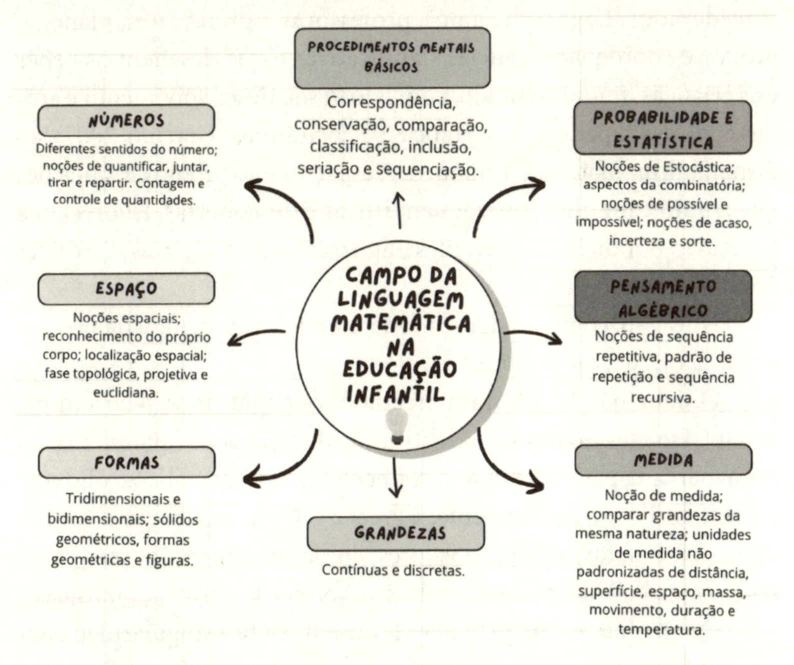

Fonte: Elaboração própria.

As recomendações da literatura especializada na temática indicam que a natureza das ações empreendidas no campo da linguagem matemática faz com que os bebês e as crianças desenvolvam o prazer pelo descobrimento e a curiosidade acerca dos conceitos explorados. Assim, devemos considerá-los como sujeitos que têm suas próprias ideias, sentimentos, vontades, que estão inseridos em uma determinada cultura, e principalmente que podem vir a aprender Matemática, bem como desenvolver suas competências cognitivas e lógicas que são essenciais para a aprendizagem na infância (Ciríaco, 2012).

Não só o letramento da língua materna, a Matemática e o pensamento científico são importantes no currículo; as artes, a natureza e as cem linguagens (Edwards; Gandini; Forman, 1999) também precisam estar presentes. Conforme explicitamos no começo deste capítulo, o currículo deve envolver questões cognoscitivas de aprendizagem, mas não podemos esquecer da condição sociológica para interpretar a realidade. Além disso, o tempo e o espaço histórico precisam ser considerados. Logo, cabe a nós, professoras e professores, planejar, propor e coordenar vivências significativas e que desafiem os bebês e as crianças, impulsionando, com isso, o seu desenvolvimento e ampliando suas experiências e práticas socioculturais (Corsino, 2007), ao disponibilizar materiais, brinquedos, espaços, e ao promover situações que abram caminhos, provoquem trocas e descobertas, favoreçam a expressão por meio de diferentes linguagens e articulem as diferentes áreas do conhecimento.

Dito isso, como a Educação Matemática é contemplada no currículo da Educação Infantil?

O bebê não tem hora marcada para engatinhar, ficar em pé, andar... Do mesmo modo, na instituição de Educação Infantil, não há hora marcada para lidar com o conhecimento matemático. A Educação Infantil - particularmente, a creche - é um espaço para conhecimentos e afetos; saberes e valores; cuidados e atenção; seriedade, riso, choro, balbucio, olhares, colo, banho, troca, conversas, músicas...

O trabalho pedagógico deve levar em conta a singularidade das ações infantis e o direito à brincadeira e à produção cultural. É preciso garantir que as crianças tenham suas necessidades (de aprender e de brincar) atendidas e que o trabalho seja planejado e acompanhado por professores(a) da Educação Infantil, que saibam ver, entender e lidar com as crianças e os bebês (Kramer, 2007).

> Encorajar as crianças a identificar semelhanças e diferenças entre diferentes elementos, classificando, ordenando e separando; a fazer correspondências e agrupamentos; a comparar conjuntos; a pensar sobre números e quantidades de objetos quando esses forem significativos para elas, operando com quantidades e registrando as situações-problema (inicialmente de forma espontânea e, posteriormente, usando a linguagem matemática) (Corsino, 2007, p. 60).

É necessário criar situações de aprendizagem que permitam mostrar aos bebês e às crianças as funções do número e o senso numérico (Lorenzato, 2006), os diferentes tipos de formas e sólidos geométricos, situações que envolvem o campo conceitual de medida - por exemplo, grande/pequeno -, situações de probabilidade, possível e impossível (*um elefante cabe numa sacola surpresa?*). O(a) pedagogo(a), que também é educador(a) matemático(a) infantil, precisa considerar que os avanços no desenvolvimento da linguagem matemática dos bebês e das crianças decorrem do contato e da utilização dos conhecimentos em problemas cotidianos, no ambiente familiar, em brincadeiras, entre outros momentos oportunos. Cabe ao(à) professor(a) de Educação Infantil explorar de diferentes formas e em diferentes níveis a linguagem matemática.

Há vários processos mentais básicos, noções e sensos que podemos desenvolver na Educação Infantil com os bebês e as crianças bem pequenas. Antes que mencionemos cada um deles, é importante destacar que a linguagem matemática na Educação Infantil não deve ser uma tarefa com hora marcada (Tancredi, 2012), não deve haver "aulas de Matemática" como nos moldes do ensino fundamental; ela deve estar presente em todos os momentos da rotina, em todo o tempo e em todos os espaços.

Noção espacial, figuras e formas

A noção espacial é o primeiro campo da Educação Matemática que aparece no berçário. É essencial explorar as noções de espaço, o reconhecimento do próprio corpo, bem como a percepção de formas e figuras presentes no ambiente em que o bebê está inserido (Ribeiro, 2010).

Ao trabalhar com as noções de espaço e forma, o(a) professor(a) pode fazer o uso de blocos de madeira, materiais não estruturados (materiais recicláveis), areia, massa de modelar, elementos naturais como pedras, folhas, gravetos, que podem se transformar em casinhas, aviões, carrinhos, castelos, etc. Além disso, passeios dentro e fora da instituição de Educação Infantil dão ao bebê e à criança bem pequena a noção do espaço que os rodeia. Por sua vez, a noção de espaço a partir do próprio corpo pode ser trabalhada com brincadeiras como "achou", e até mesmo com jogos de "pega", "perto-longe", entre outros.

A noção espacial, dentro do campo da Geometria, é fundamental de ser trabalhada na creche, visto que, como afirma Saiz (2006, p. 143) as crianças, assim como os adultos, necessitam "[...] manejar relações espaciais em sua vida cotidiana, em sua localização ou na busca de objetos ou [...] na manipulação de objetos, nos deslocamentos em um bairro da cidade, mas também em sua própria casa [...]", bem como na construção ou uso de diversos objetos e informações espaciais. Nesse sentido, Pavanello (1993) afirma que o trabalho com noções geométricas, desde a infância, também pode favorecer a análise de fatos e relações, estabelecimento de ligações entre eles e a dedução, a partir daí, de novas relações e fatos.

Segundo Saiz (2006), desde muito pequenas, as crianças vão aprendendo a organizar seus deslocamentos em um determinado espaço e a cada dia elaboram conceitos amplos sobre este espaço. Assim, o(a) professor(a) pode aproveitar a localização espacial para introduzir aos poucos as noções geométricas (Ciríaco, 2012). Podemos observar isso, por exemplo, em uma turma de berçário, em que os bebês exploram diariamente o espaço e a cada dia elaboram conceitos diferentes e mais amplos sobre ele. Ficam de bruços, rolam, sentam-se, rastejam, engatinham, ficam em pé, andam, avaliam percursos quando motivados pela pessoa adulta e tomam decisões muitas vezes baseadas no que está "mais perto" e "mais longe", uma vez que se deslocam explorando espaços circunstanciados dispostos no ambiente. Exploram tudo com o corpo, olhando, pegando objetos que lhe interessam, colocando objetos na boca. Os bebês sentem e compreendem o mundo a sua volta tendo o corpo como referência de sentidos, e é por meio deles (tato, olfato, paladar, audição e visão) que a linguagem matemática se faz presente, na miudeza dos detalhes.

> Quando a criança chega à educação infantil, começa a abandonar este sistema de referências egocêntrico, centro no seu próprio corpo e em sua própria ação, para incorporar referenciais fixos, objetivos, conseguindo descrever localizações em relação a outras pessoas ou objetos. Aprende, assim, a se localizar como um objeto a mais entre outros, marcando um grande progresso ao longo de quatro ou cinco anos de vida em seu conhecimento do espaço e de sua localização nele (Saiz, 2006, p. 144).

Consideramos que o objetivo central do trabalho com a geometria implica que a criança passe do espaço vivido para o espaço pensado. "No primeiro, a criança observa, manipula, decompõe, monta, enquanto no segundo ela operacionaliza, constrói um espaço interior fundamentado em raciocínio. Em outras palavras, é a passagem do concreto ao abstrato" (Lorenzato, 2006, p. 45-46).

O espaço vivenciado deve ser muito bem planejado pelos(as) professores(as). É no espaço da creche, prioritariamente, que os bebês e as crianças bem pequenas vão observar, manipular, montar, desmontar, empilhar, entre outras ações. Se eles tiverem repertórios de vivências e experiências diversificados, certamente, a passagem do concreto para o abstrato será mais significativa e tranquila.

Os bebês e as crianças bem pequenas começam a interpretar o espaço por meio do senso topológico. Eles mostram que conseguem perceber a diferença entre uma linha aberta e uma linha fechada, entre o interior e o exterior de um conjunto, e reconhecer fronteira (delimitação) e vizinhança, manifestando a noção de orientação. A partir dessas noções "[...] que se referem a lugar (*tópos*, em grego), pode-se desenvolver um estudo intuitivo, oferecendo às crianças situações relativas à posição e deslocamento, isto é, sobre, dentro, fora, em cima, embaixo, antes, depois, perto, longe, frente, atrás [...]" (Lorenzato, 2006, p. 146-147).

Figura 2 – Disposição de localização

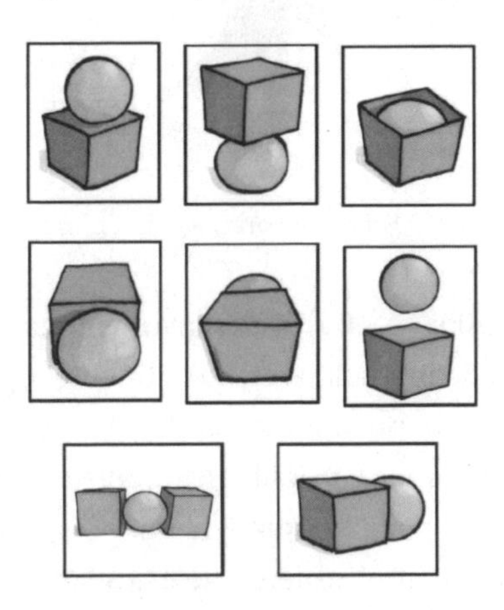

Fonte: Elaboração própria.

Os bebês e as crianças devem ser incentivados a explorar o espaço onde vivem, e embora a manipulação de objetos não seja suficiente para garantir a aprendizagem, ela deve estar presente. Uma aprendizagem efetiva se dá pelas ações mentais que o bebê e a criança menor de três anos realizam quando comparam, distinguem, separam, montam, entre outras ações. É necessário que os currículos de Educação Infantil ofereçam ao bebê e à criança a possibilidade de explorações espaciais, com o objetivo de desenvolver o senso espacial, dando continuidade natural às suas experiências anteriores e de vida fora da instituição (Lorenzato, 2006).

Figura 3 – Representação das relações espaciais centradas na lateralidade corporal

Fonte: Elaboração própria.

Para Smole (2003, p. 105), o desenvolvimento infantil, em determinado momento da infância, é essencialmente espacial: "As crianças estão naturalmente envolvidas em tarefas de exploração do espaço e se beneficiam matemática e psicologicamente de atividades de manipular objetos desse espaço no qual vivem, pois, enquanto se movem sobre ele e interagem com objetos nele contidos, adquirem muitas noções intuitivas que constituirão as bases da competência espacial".

Primeiro o bebê e a criança se encontram com o mundo e nele fazem explorações, para posterior e progressivamente criarem formas de representação desse mundo com imagens, desenhos, linguagem verbal, etc. (Smole, 2003).

A construção do espaço permite que os bebês e as crianças se localizem nele e situem os seres e objetos em função de si mesmos e em relação aos outros objetos (Saiz, 2006). "A geometria é espaço ávido [...], aquele espaço no qual a criança vive, respira e se move. O espaço que a criança deve aprender a conhecer, explorar, conquistar e ordenar para viver, respirar e nele mover-se melhor" (Freudenthal, 1973 citado por Clements; Battista, 1992, p. 433).

A Geometria, as figuras e formas estão presentes no espaço, e as formas tridimensionais estão muito presentes na vida dos bebês e das crianças bem pequenas. Os brinquedos e materiais não estruturados (caixas, materiais recicláveis, cones, carretéis, pneus, entre outros) estão presentes nas creches, e, a partir desses objetos, os bebês e as crianças bem pequenas atribuem significados, estabelecem relações e fazem observações, explorando livremente e interagindo com eles (Smole; Diniz; Cândido, 2000a).

A Geometria, percebida pelos espaços, figuras e formas, vai muito além do reconhecimento das formas geométricas como quadrado, retângulo, círculo e triângulo. Os bebês lidam primeiro com os cubos (dados), paralelepípedos, esferas (bolas), pirâmides e cilindros, pois essas formas estão nas coisas da vida.

Desse modo, a instituição de Educação Infantil deve contribuir para que o bebê e a criança construam sua competência espacial livremente.

As relações espaciais e as formas são temas do campo da Geometria que devem ser contemplados no currículo da Educação Infantil. Para o desenvolvimento das competências espaciais das crianças, não podemos restringir o trabalho pedagógico "apenas" nomeando as figuras. O conhecimento do espaço e a capacidade de ler esse espaço podem ser indícios valiosos para a iniciação geométrica, que, explorados de forma intencional, na rotina de bebês e de crianças bem pequenas, ganham forma, corpo e conteúdo na atividade da docência.

Processos mentais básicos à construção do conhecimento lógico-matemático

O(A) professor(a) pode, desde o berçário, planejar vivências que envolvam os processos mentais básicos: correspondência biunívoca, conservação, comparação, classificação, inclusão hierárquica, seriação, ordenação e sequenciação (Lorenzato, 2006).

1) CORRESPONDÊNCIA: é o ato de estabelecer a relação "um a um", como um prato para cada pessoa; cada pé com seu sapato.

Figura 4 – Representação da ideia de correspondência

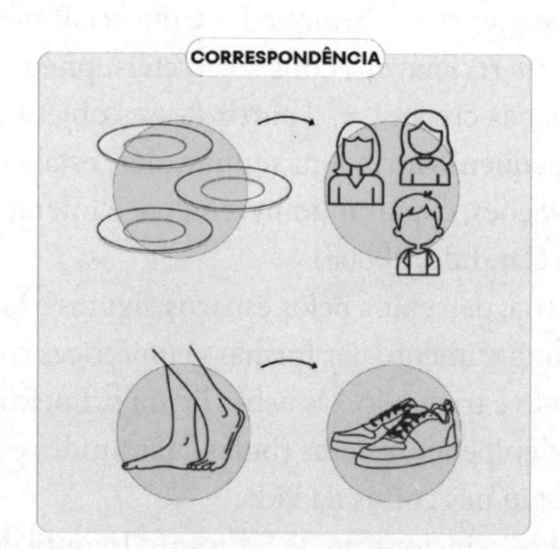

Fonte: Elaboração própria.

2) CONSERVAÇÃO: implica perceber que a quantidade não depende da arrumação, da forma ou da posição; como um copo largo e outro estreito, ambos com a mesma quantidade de água – grandeza contínua. Uma caixa com todas as faces retangulares, ora apoiada sobre a face menor, ora sobre a face maior, conserva a quantidade de lados, cantos e medidas. Em um conjunto de objetos, organizados ora espaçadamente, ora um ao lado do outro, a quantidade permanece constante – grandeza discreta.

Figura 5 – Representação da ideia de conservação

Fonte: Elaboração própria.

3) COMPARAÇÃO: envolve estabelecer diferenças e semelhanças, como: "esta bola é maior que aquela", "somos do mesmo tamanho".

Figura 6 – Representação da ideia de comparação

Fonte: Elaboração própria.

4) CLASSIFICAÇÃO: é o ato de separar em categorias, de acordo com semelhanças ou diferenças (base do pensamento algébrico), como: separar por cor, forma, tamanho e espessura.

Figura 7 – Representação da ideia de classificação

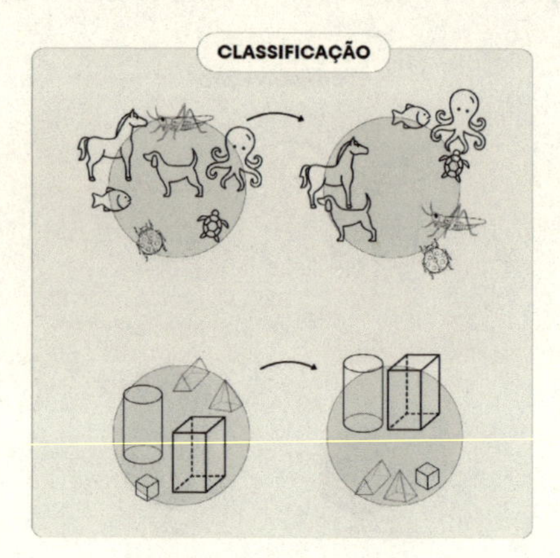

Fonte: Elaboração própria.

5) INCLUSÃO: supõe fazer abranger um conjunto por outro, como incluir as ideias de "laranjas" e "bananas" em "frutas", perceber que o "um" está incluído no "dois", o "dois" no "três" e assim por diante. É quando a criança percebe a relação da operação do "+1".

Figura 8 – Representação da ideia de inclusão

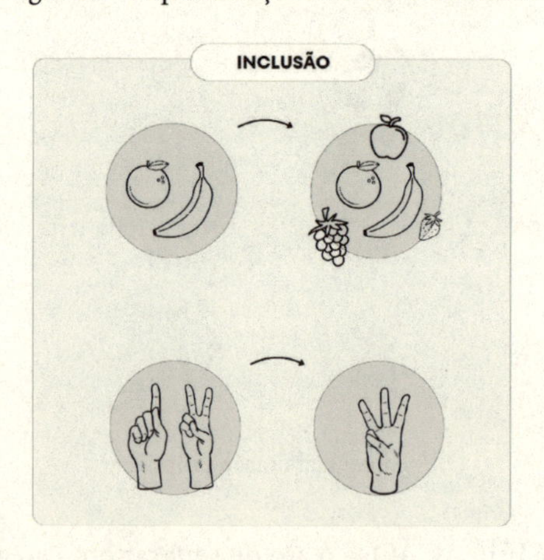

Fonte: Elaboração própria.

6) SERIAÇÃO: implica ordenar uma sequência segundo um critério, como a fila de crianças, do mais baixo ao mais alto; a lista de chamada das crianças por ordem alfabética.

Figura 9 – Representação da ideia de seriação

Fonte: Elaboração própria.

7) SEQUENCIAÇÃO: é o ato de fazer suceder a cada elemento um outro, sem considerar a ordem entre eles; portanto, é ordenação sem critério preexistente, como a chegada das crianças na Instituição de Educação Infantil; a entrada de jogadores de futebol em campo.

Figura 10 – Representação da ideia de sequenciação

Fonte: Elaboração própria.

Lorenzato (2006, p. 30) afirma que essas habilidades "[...] interpõem-se e integram-se, num vai e vem contínuo e pleno de inter-relacionamentos e, assim, um vai esclarecendo e apoiando o outro na elaboração dos conceitos". Na educação da infância, muitas dessas ações, de natureza procedimental básica, são recorrentes em situações do dia a dia com bebês e crianças bem pequenas.

Durante a organização de uma determinada vivência, a distribuição de materiais às crianças torna-se exemplo de como a correspondência pode ser explícita quando damos a oportunidade para que elas nos auxiliem no processo de entrega de brinquedos (um para cada uma).

O pensamento comparativo se anuncia em momentos de tomada de decisões em que tanto o bebê quanto a criança bem pequena, ao serem instigados pelo(a) professor(a), comparam pelo campo visual para onde se direcionam quando são chamados para lugares distintos em momentos em que lhes é oferecido determinado objeto ou brinquedo. Existe aqui um tipo de inferência, mesmo que não verbalizada, que determina no ato de comparar elementos físicos do que se vê, a qual exerce influência sobre "para onde ir".

Ainda no momento inicial de recepção das crianças, após brincadeiras, podemos instigá-las à classificação dos brinquedos na hora da arrumação do espaço, guardando os objetos de acordo com critérios de semelhança e diferença (exemplo: pelúcia em uma caixa, plástico em outra, madeira em uma terceira, entre outros atributos definidores).

Tais procedimentos fazem parte de todas as áreas do conhecimento. Recorremos a eles o tempo todo, quase que toda hora, e, desde a creche, vivenciamos demarcações que indicam a necessidade de corresponder, conservar, comparar, classificar, incluir, seriar e sequenciar.

Noção numérica

Segundo Lorenzato (2008), quando reduzimos o trabalho com a linguagem matemática aos números, não oportunizamos aos bebês e às crianças o contato com as demais noções e perdemos situações presentes na rotina da Educação Infantil que constituem momentos ricos e promissores para a exploração. Reconhecemos que os números e o sistema de numeração devem ser abordados no contexto infantil, desde que sem preocupação com a sistematização de algoritmos, nem com a representação simbólica. Contudo, podem ser trabalhadas as ideias das quatro operações fundamentais da matemática (Azevedo, 2012). No cotidiano, o(a) professor(a) pode propor aos bebês experiências em que são introduzidas as noções de quantificar, juntar, tirar e repartir.

Segundo Moura (1996), o trabalho com contagem e controle de quantidade pode ser iniciado na Educação Infantil, pois a contagem se fundamenta na operação de fazer corresponder, uma das ideias essenciais da matemática. O número é um conhecimento construído socialmente e, por isso, é necessário que a criança aprenda a controlar, a registrar e a comunicar quantidades.

Os bebês de um ano e meio já recitam a sequência numérica do 1 ao 10, porque escutam as pessoas contando, cantam músicas que têm a sequência numérica, brincam com objetos e os contam, mesmo que não o façam de modo ordinal. É certo que a criança não aprenderá o conceito de número contando em voz alta de 1 a 10, mas contar faz parte do universo infantil, e a contagem, em outros trabalhos pedagógicos de exploração do ambiente e sistematização de situações, dará a ela a oportunidade de começar bem seu processo de aprendizagem do conceito de número que não termina na Educação Infantil.

Segundo Lopes e Grando (2012, p. 6), "[...] a criança precisa perceber o número através das relações de significado que ele assume em situações distintas, ou seja, é importante adquirir a percepção da linguagem numérica em conexão com a leitura da realidade". Por isso, é pertinente entendermos sobre o sentido ou a função do número, que vai muito além de quantificar: ele também serve para localizar, identificar, ordenar, designar quantidade total – cardinalidade, como resultado de operações e como resultado de mensuração.

Figura 11 – Múltiplas funções do número

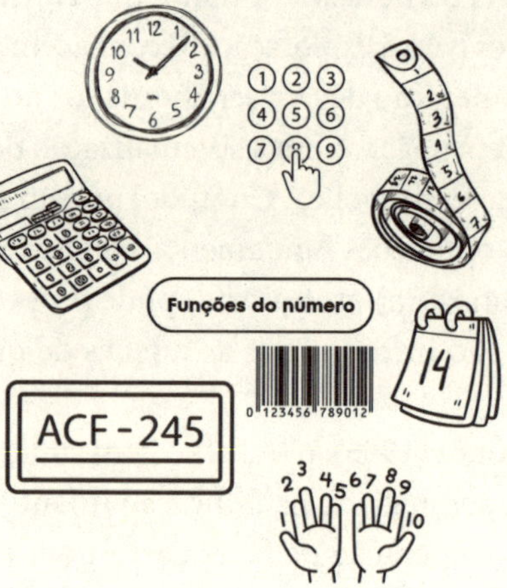

Fonte: Elaboração própria.

Conforme Van de Walle (2009, p. 144), o número é um conceito completo e multifacetado, por isso "[...] é necessário tempo e muitas experiências para que as crianças desenvolvam uma compreensão completa de número que será desenvolvida e enriquecida com todos os conceitos numéricos adicionais relacionados ao longo dos anos [...]" na educação básica.

Noções de medida

Medir é o ato de comparar grandezas de mesma natureza. Com os bebês e as crianças bem pequenas, usamos as unidades de medida não padronizadas. No final da Educação Infantil, as crianças começam a conhecer as unidades de medida padronizadas, mas sabemos que elas lidarão melhor com isso ao longo dos anos iniciais do ensino fundamental.

Azevedo (2007, p. 56) afirma que o homem "[...] criou várias formas de medir, até chegar a um sistema de medidas internacional, baseado no sistema de numeração decimal. Além dessa unidade de medida, há outras unidades de medidas não decimais, por exemplo, a unidade de tempo".

Moura (1995, p. 44) conceitua o ato de medir como "[...] a forma de expressar quantitativamente acontecimentos, fenômenos, objetos de nossa vida diária". Nessa perspectiva, desde pequenas, é importante que as crianças tenham consciência das noções de pequeno/médio/ grande, vazio/cheio, muito/pouco, entre outras noções.

> [...] durante o processo de construção do conhecimento de medida a criança experimenta concretamente a relação (espaço-medida) aplicando a extensão da unidade sobre a extensão da grandeza; realiza contagens (número), contando os deslocamentos da unidade sobre a grandeza (Moura, 1995, p. 47).

Para iniciar o processo de desenvolvimento e aprendizagem, as crianças podem ser solicitadas a fazer uso de unidades de medida não convencionais, como passos, pedaços de barbante ou palitos, xícaras, colheres, etc., em situações nas quais necessitem comparar distâncias e tamanhos. É possível utilizar-se também de instrumentos convencionais, como balança, fita métrica e régua para resolver problemas (Azevedo, 2007).

Figura 12 – Medidas não convencionais e medidas convencionais

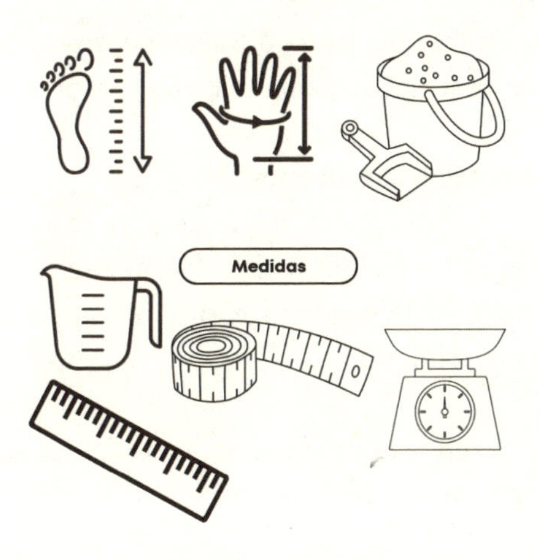

Fonte: Elaboração própria.

Cerquetti-Aberkane e Berdonneau (1997) afirmam que é importante que os(as) professores(as) organizem e classifiquem com os bebês e as crianças os objetos de mesmo comprimento, mesma massa, mesma capacidade; organizem do mais curto ao mais longo (ou o inverso), do mais pesado ao mais leve; comparem por estimativa direta ou indireta quantidades contínuas, sólidos em pó ou líquidos. No tanque de areia ou nas áreas externas das instituições de Educação Infantil, essas vivências podem ser trabalhadas com elementos da natureza, como água e terra, entre outros materiais.

Para Lorenzato (2006, p. 53), o conceito de medida é abrangente e apresenta variações. Ele pode se referir a "[...] distância, superfície, espaço, massa, calor (temperatura), movimento (velocidade) e duração (tempo)".

Lorenzato (2006, p. 51) afirma que o campo conceitual é composto da seguinte forma:

1) No que se refere às grandezas e ao seu vocabulário:
- *Distância:* largo, estreito, maior, menor, largura, altura;
- *Espaço:* grosso, fino, gordo, magro, alto, baixo, grande, pequeno, maior, menor;
- *Massa:* pesado, leve;
- *Calor:* quente, frio, gelado;
- *Movimento:* rápido, lento, devagar, depressa;
- *Duração:* ontem, hoje, amanhã, antes, depois, agora;

2) No que se refere aos objetos:
- *Forma:* triângulo, quadrado, retângulo, redondo;
- *Cor:* branco, vermelho, azul, verde, amarelo;
- *Tamanho:* grande/pequeno, alto/baixo, largo/estreito;
- *Massa:* pesado/leve;

3) No que se refere às unidades de medida não convencionais:
- Palmo, pé, passo, régua, palito;

4) No que se refere aos quantificadores:
- Só, todo, um, todos, nenhum, muitos, algum, igual, vazio, cheio, muito, pouco, demais, sobra, falta, mais que, menos que;

5) No que se refere à matemática, o conceito de medida compreende três distintos aspectos:
- Seleção de unidade de medida;
- Comparação da unidade com a grandeza a ser medida;
- Expressão numérica de comparação.

No espaço-tempo da Educação Infantil, as receitas podem gerar experiências ricas que envolvem o senso de medida, e os instrumentos de medida não convencionais como xícara, copo, colher, entre outros, enriquecem as vivências envolvendo não só as medidas como também as grandezas e quantidades. Com o berçário, por exemplo, fazemos uma receita de dois inhames com seis morangos, e os bebês acima de seis meses se deliciam. Há também muitas receitas sem açúcar que respeitam as orientações da Organização Mundial da Saúde (OMS) de que o bebê e a criança de até dois anos não devem consumir açúcar.

Noção de estatística, probabilidade e combinatória

As crianças bem pequenas já conseguem construir noções de possível e impossível. Noções de acaso também são recorrentes. Mas não são os bebês e as crianças bem pequenas que devem dominar essas noções, e sim os(as) professores(as), que também são educadores(as) matemáticos(as) e precisam ter conhecimentos/saberes para explorar ideias da Estocástica, "[...] do ponto de vista que a incerteza, a sorte ou a probabilidade é admitida como aspecto real, objetivo e fundamental" (Davis; Hersh, 1986 citados por Lopes, 2002, p. 13).

A incerteza e a sorte dos dados (de figuras ou números – pode ser do 1 ao 3) utilizados na Educação Infantil é algo muito observado pelas crianças bem pequenas. Brincadeiras que envolvem aspectos de combinações de pares (jogo da memória) e momentos de interação relativos à exploração de "como o tempo está hoje" na dinâmica do tempo são oportunidades promissoras para o campo do provável.

Figura 13 – Representação de processos que envolvem noções de probabilidade/estatística

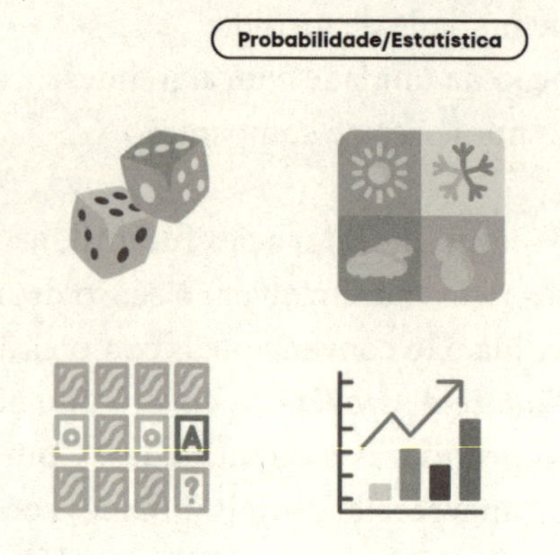

Fonte: Elaboração própria.

Além disso, um saco surpresa na hora da roda cantada[5] estimula as crianças a falarem o que é possível ou não caber numa sacola; sabem, por exemplo, que um elefante de verdade não cabe.

A ação de brincar com bonecas, por exemplo, pode ser um momento de explorar aspectos de combinatória, mesmo que de modo sútil, experienciando, na ação de trocar as roupas, com quantos modos diferentes a boneca pode se vestir. Meninos e meninas precisam vivenciar brincadeiras de todos os tipos; interagir com diferentes brinquedos é de fundamental importância nesse período da vida, afinal, brinquedos não têm gênero.

[5] As rodas cantadas fazem parte da rotina da Educação Infantil, momento este em que bebês, crianças e adultos se sentam em roda e cantam, coletivamente, canções infantis, dentre outros gêneros musicais, os quais contribuem para o enriquecimento cultural de todos.

Figura 14 – Ideias de combinatória para trocar roupas em boneca

Fonte: Elaboração própria.

Conforme os resultados de pesquisas de Lopes (2002) e Souza (2013), sabemos que representações gráficas e tabelas são mais viáveis de se trabalhar com as crianças em idade pré-escolar.

Orientações para o desenvolvimento da linguagem matemática com bebês e crianças bem pequenas

Diante das noções e sensos apresentados, é importante destacarmos algumas alternativas metodológicas que auxiliarão os(as) professores(as) a construírem um currículo vivo, a exemplo do trabalho com brinquedos e brincadeiras, resolução de problemas não convencionais, leitura e contação de histórias, músicas, entre outros.

Os bebês e as crianças bem pequenas têm direito a *brinquedos e brincadeiras* (Brasil, 2012) na creche. A qualidade é de suma importância para eles terem boas experiências nos diferentes espaços da Educação Infantil. A intencionalidade na escolha dos brinquedos pelas professoras e a disponibilização deles é fundamental. Os bebês também têm direito à escola. Nem todos os brinquedos são escolhidos para brincar, e tudo bem. Os bebês têm brinquedos prediletos e, de tanto explorá-los, descobrem coisas novas todos os dias em que brincam. Afinal, uma experiência não pode ser repetida, e a cada dia o bebê cresce e se desenvolve: ele muda diariamente.

A cada dia os bebês percebem os brinquedos e as coisas de um modo diferente. Puxa, aperta, morde, deixa rolar, entre outras ações. As brincadeiras são muito exploratórias. Os bebês brincam, exploram sem pedir permissão para criar, imaginar, experimentar. Seu corpo se move e, com isso, vai explorando o que está perto, percebe as texturas, o que é duro, mole, macio, gelado; percebe sons, formas; saboreia o plástico, o tecido, a madeira; movimenta pernas, braços, cabeça. Vira e desvira o corpo deitado no chão. Balbucia expressões para demonstrar que está gostando de descobrir o mundo, o espaço que ocupa. Fica de barriga para cima, de bruços, se senta, se arrasta. Tenta virar e não consegue porque encontra um obstáculo, então experimenta o outro lado. Olha para tudo, as cores e as luzes que chamam sua atenção.

O bebê gosta de explorar, agradece que alguém preparou um espaço seguro para ele brincar com brinquedos e objetos não estruturados. Aprecia a vista da janela, brinca com o tecido da cortina, pivoteia até resgatar um brinquedo. Mexe as mãos e os braços e percebe que pode ver o brinquedo de diferentes pontos de vistas. A mão esquerda se movimenta de modo sincronizado com a mão direita. O bebê ama descobrir as coisas, solta sorrisos e gargalhadas. Não pensa em dormir, quer brincar e explorar.

Nosso papel, enquanto professores(as) e familiares de bebês e crianças, é criar ambientes de aprendizagem ricos em estímulos e materiais, significativos e desafiadores. "Enquanto brincam, muitas vezes as crianças não têm consciência do que estão aprendendo, do que foi exigido delas para realizar os desafios envolvidos na atividade" (Smole; Diniz; Cândido, 2000a, p. 17).

As possibilidades de *resolução de problemas não convencionais* do bebê vão depender de seu nível de desenvolvimento motor, intelectual, social e psíquico. Tudo é muito rápido: a cada semana os bebês mudam suas estratégias de resolver problemas, aprimoram sua coordenação motora e mudam suas formas de pensar.

O bebê e a criança bem pequena resolvem problemas com o corpo constantemente e não pedem permissão para isso. Dessa forma, se o adulto tiver um olhar atento e enxergar a matemática na rotina da Educação Infantil, ele poderá incentivar mais resoluções e desafiar os pequenos constantemente (Smole; Diniz; Cândido, 2000b).

Durante o primeiro ano de vida, os bebês se desenvolvem muito rápido e é surpreendente como exploram os espaços que ocupam e como resolvem problemas. Por exemplo, uma bebê é capaz de escapar (escorregar) de uma motoca com proteção, girar seu corpo, se levantar e andar segurando ao redor da motoca para explorá-la em outras perspectivas (Manu - 9 meses e 13 dias). Se é permitido a um bebê explorar, se ele tem tempo e espaço para brincar, se ele explora lugares diferentes como sua casa, a casa da avó, a creche, uma brinquedoteca, um restaurante, um hotel, ele é incentivado a explorar e é reconhecido e valorizado quando resolve problemas.

Os bebês solucionam muitos dilemas enquanto exploram os espaços. Por exemplo, surgiu uma situação desafiadora para Manu (9 meses e 13 dias): pegar um brinquedo em cima do rack. A mão não alcançava. Limitação: a altura dela. Como resolveu o problema? A bebê se esticou e ficou na ponta dos pés, esbarrou no brinquedo e ele caiu no chão. Após isso acontecer, ela não quis mais o brinquedo e pegou outro.

Para quem tem um olhar para a linguagem matemática, essa situação indicou uma resolução de problema, que a bebê realizou por meio do próprio corpo. Utilizou estratégias e chegou a uma solução, recorrendo assim a um dos tipos de inteligências múltiplas: a relação corpórea-cenestésica (Gardner, 1994; Smole, 2003).

Observamos que, ao resolver problemas, os bebês e as crianças bem pequenas lidam com questões de espaço, força, medidas, grandezas, entre outras.

Outra possibilidade é adotarmos a *leitura e a contação de histórias*, uma das ações permanentes da rotina, em conexão com a linguagem matemática. Toda história tem um desencadeamento que é lógico-matemático, seja ela em um livro de banho (plástico), tecido (pano) ou de papel impresso com letras e/ou imagens.

Bebês e crianças menores de três anos, pela literatura, estabelecem relações entre a língua materna, os conceitos do mundo real e as características da linguagem matemática formal. Em situações de tal natureza, temos caminhos para ampliar o vocabulário matemático. Além disso, ao lermos ou contarmos uma história, daremos chances para que as crianças criem habilidades para formular e resolver problemas (Smole *et al.*, 2001).

O(a) professor(a) de creche, quando se deparar com momentos dessa natureza, não pode, em nome de uma pretensa problematização matemática, distorcer aspectos da narrativa da história ao trabalhar o livro como um "pretexto". Ou seja, quando implementamos em nossa rotina a literatura infantil para exploração da Matemática, não podemos supervalorizá-la. Se assim o fizermos, perderemos toda magia e contexto que a leitura da literatura exerce no âmbito do letramento literário das crianças de zero a três anos, visto que o objetivo com tal prática é despertar o prazer pela leitura.

As *vivências musicais* também são um elemento importante na vida diária da creche e da Educação Infantil de modo geral. Alguns conceitos matemáticos como ritmos musicais, tempo e divisões são aspectos frequentes no processo de aprendizado, bem como sons, timbres e compassos. Considerada um dos tipos de inteligências, a música situa-se ainda em um campo de desenvolvimento e aprendizagem da criança.

Experiências com frequência e volume induzem bebês e crianças bem pequenas à receptividade musical. Ao experimentar questões dessa natureza, "[...] a criança experimenta sons que pode produzir com a boca e é capaz de perceber e reproduzir sons repetitivos, acompanhando-os com movimentos corporais" (Smole, 2003, p. 144). Assim, brincadeiras musicais são um convite para despertar a relação com o mundo e podem potencializar noções de espaço e tempo, a partir da harmonia em movimentos ritmados.

Sabemos que existem diferentes formas de conceber e trabalhar com a linguagem matemática na Educação Infantil. Em uma perspectiva ampla, a Matemática está presente na arte, na música, nas histórias, na forma como se organiza o pensamento, em brincadeiras e em jogos infantis, e, em consequência disso, um bebê e uma criança aprendem muito sem que o(a) professor(a) necessariamente os ensine (Ciríaco, 2012).

A *arte* e a linguagem matemática na Educação Infantil são um campo fértil de estímulo para a criatividade, sensibilidade, intuição, imaginação; para a descoberta do próprio corpo, do espaço, dos instrumentos (pincéis de diferentes tamanhos e espessuras, esponjas, rolos, lápis, carvão, argila, entre outros) e suportes (parede de azulejo, tela, papéis, papelão, plástico bolha, entre outros); das noções de força, grande, pequeno, forte, fraco; das cores, formas, tamanhos e espessuras, entre outras noções. Dessa forma, quando desenha ou se expressa artisticamente, a criança comunica e expressa sentimentos, vontades e ideias. A arte é uma linguagem, assim como o gesto e a fala; é considerada como a primeira forma de escrita, conforme discussão de Smole (2003), no campo da Matemática na Educação Infantil e da teoria das inteligências múltiplas.

Figura 15 – Expressões artísticas a base de tinta guache e argila com criança de 1 ano

Fonte: Acervo dos pesquisadores.

É importante que na Educação Infantil possamos nos valer da utilização, em nosso trabalho pedagógico, de uma proposta que preza pela exploração matemática no território do bebê e da criança, que vise ao seu desenvolvimento integral. É fundamental trabalhar o "senso matemático infantil" (Lorenzato, 2006), o que pode ser desenvolvido por meio de explorações do campo matemático.

> As crianças vivem num mundo "numeralizado", com isso elas vão se apropriando da linguagem Matemática que está presente nas suas brincadeiras do dia a dia, nas cantigas e, no geral, em todas suas atividades. No entanto, se pensarmos que a criança aprende no seu meio, é possível perguntar: para que a Instituição de Educação Infantil? "A grande diferença é que no

> *cotidiano não há sistematização*" (Tancredi, 2004, p. 45), a instituição tem o papel de ajudar as crianças a se desenvolverem, ultrapassando o senso comum e adquirindo conhecimentos que podem ser usados em diferentes situações e épocas da vida que permitem continuar a aprender vida afora (Azevedo, 2007, p. 44, grifos nossos).

Dessa maneira, todas as noções de Matemática podem ser iniciadas na infância, desde que sejam exploradas dentro do limite de possibilidades do bebê e da criança. Eles descobrem coisas semelhantes e diferentes, as organizam, classificam e criam os conjuntos; estabelecem relações, observam o tamanho dos objetos, brincam com formas, descobrem regularidades, ocupam espaços e, com isso, estão em constante vivência com a linguagem matemática (Ciríaco, 2012).

A utilização de material manipulável, materiais não estruturados, brinquedos, brincadeiras infantis, e a necessidade de integrar as diferentes linguagens representam pressupostos cruciais quando pensamos na educação infantil. Reconhecer e valorizar o contexto social e as hipóteses dos bebês e das crianças no processo de aprendizagem da linguagem matemática implica a aceitação de uma mudança profunda nas relações entre bebê/criança-professor e conhecimento matemático.

De acordo com Smole (2003), a partir das brincadeiras é possível romper com a linearidade presente na maioria dos currículos da Educação Infantil. É necessário preparar um ambiente desafiador para o bebê e a criança exploradores. Nosso objetivo é despertar neles a curiosidade, a motivação e o desejo de aprender. Acreditar na banalização da Educação Infantil revela o desconhecimento do valor dessa importante fase do desenvolvimento infantil (Lorenzato, 2006).

A Educação Matemática na Educação Infantil não pode ser esporádica, espontaneísta e casual. É preciso de intencionalidade, planejamento, reflexão, avaliação. Ela é constituída das relações humanas dos bebês e das crianças bem pequenas com os adultos que produzem ações educacionais nos tempos e espaços das instituições. Logo, devemos preservar o cuidar e o educar matematicamente (Ciríaco, 2020), em defesa de uma Educação Infantil de qualidade que respeite o bebê, a criança e a infância.

ATO 2

TERRITÓRIO DA CRECHE

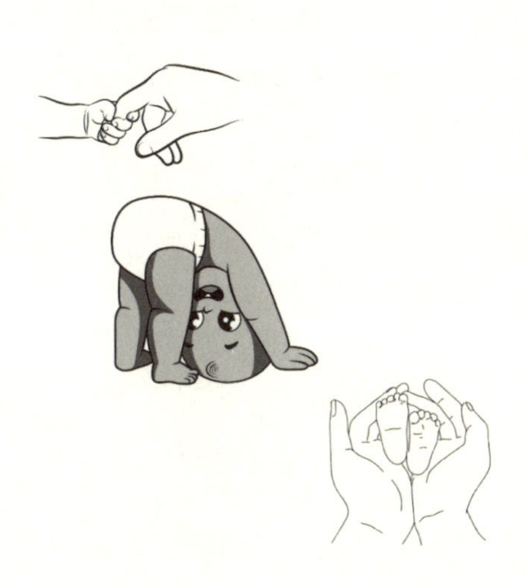

Inserindo-se no território de bebês e crianças bem pequenas: a linguagem matemática nas práticas das professoras de creche

Este capítulo destina-se à descrição da abordagem metodológica e da atuação com a linguagem matemática na creche, que caracteriza as práticas de formação e atuação no contexto do GEOOM/UFSCar, sua dinâmica de interação e as docentes que dele participam. Para esse fim, discutimos a operacionalização do trabalho colaborativo que instituímos junto ao grupo e como este coletivo constitui-se *lócus* de aprendizagem docente no âmbito da formação continuada na Educação Infantil.

Cumpre salientar que estamos, no tempo presente (2024), há 14 anos atuando no contexto de colaboração nesse grupo de estudos, o qual vem se dedicando ao processo de ampliação de seu repertório didático-pedagógico e à organização do trabalho pedagógico com a linguagem matemática no território dos bebês, da criança bem pequena e da criança pequena. Pensar a pesquisa no campo da infância implica conhecer sobre o desenvolvimento e aprendizagem humana sem dissociar cuidado de educação, binômio base das práticas institucionais da primeira etapa da educação básica brasileira.

Nesse sentido, por "território" entendemos, como anunciado na introdução, não só um espaço puramente físico em que bebês e crianças bem pequenas ocupam um chão delimitado. Ao contrário, "território", aqui, vai muito além do lugar que ocupamos. Implica pensar "nas paisagens das infâncias" e sobre os "territórios infantis", onde, como pessoas adultas, convivemos "[...] em suas espacialidades, em seus e nos nossos abismos desconhecidos e, mesmo assim, comungamos de uma produção poética que inclua e desperte a possibilidade do surgimento do novo, uma fala, um sorriso, um choro e por que não um desinteresse?" (Pereira; Pereira, 2022, p. 525).

Sendo assim, entendemos a investigação neste contexto como sendo um processo metodológico de uma área específica: a Educação Matemática. Assim, como descrevem Borba e Araújo (2004, p. 45), tal abordagem "[...] deve ser coerente com as visões de Educação e de conhecimento sustentadas pelo pesquisador, o que inclui suas concepções de Matemática e de Educação Matemática".

Nessa direção, destacamos que nossa visão de Matemática se centra na perspectiva de compreendê-la como uma linguagem e, como tal, esta apresenta-se, na Educação Infantil, em diferentes momentos da rotina diária da criança menor de seis anos. Compreender a Matemática como linguagem coloca-nos em posição de defesa de sua não dissociação das demais áreas de conhecimento, e isso vai ao encontro da perspectiva de currículo que julgamos necessário ao trabalho com crianças menores de três anos. A visão da Matemática como linguagem explicita a necessária ação de enxergar sua manifestação nas atividades permanentes do atendimento à infância, em defesa de uma proposta não conteudista que priorize a ludicidade e o desenvolvimento de saberes por bebês e crianças de forma ampla, não priorizando a alfabetização ou preparação para os anos iniciais do ensino fundamental.

Ainda seguindo o pensamento de Borba e Araújo (2004) ao destacarem que, no âmbito da pesquisa qualitativa em Educação Matemática, o pesquisador precisa ter coerência com sua concepção de Educação Matemática, apresentamos a forma como a concebemos: um campo de conhecimento que se apresenta como instrumento de leitura de mundo. Na leitura interpretativa que fazemos, ler o mundo pela Matemática se materializa nas múltiplas linguagens pelas quais bebês e crianças bem pequenas experimentam sensações à medida que desenvolvem sua percepção espacial, numérica, de medida, estocástica, etc.

Dito isso, com este livro, buscamos publicizar as ações de professoras da Educação Infantil em um movimento de respostas ao que sabem, fazem e objetivam em seu trabalho quando estudam, planejam, vivenciam e avaliam a percepção matemática de suas crianças.

O trabalho colaborativo no contexto do grupo

Adotamos uma abordagem de natureza qualitativa. O campo da Educação Matemática "[...] dá atenção às pessoas e às suas ideias, procura fazer sentido de discursos e narrativas que estariam silenciosas" (D'Ambrosio, 2004, p. 21). Dada a vivência colaborativa, os dados apresentados foram produzidos a partir do compartilhamento das práticas profissionais de um grupo de professoras da Educação Infantil, particularmente na efetivação de seu trabalho junto a bebês e crianças menores de três anos de idade, ou seja, na creche.

A perspectiva qualitativa da investigação em Educação permite compreender o contexto no seu cenário natural e preservar a complexidade do comportamento humano. Observar fenômenos em um pequeno grupo, interpretar comportamentos e técnicas de observação da realidade, participando em ações do grupo, por meio de entrevistas e conversas, para descobrir interpretações sobre as situações observadas, permitindo comparar e analisar as respostas encontradas em situações adversas (Lüdke; André, 1986).

O período circunscrito para o estudo em questão refere-se aos anos de 2022, 2023 e 2024, uma vez que foi nesse triênio que realizamos uma investigação voltada para este fim, com financiamento do CNPq, "[...] na perspectiva de deixarmo-nos contagiar pelo olhar matemático daqueles que estão experienciando (intuitivamente) o mundo: o bebê e a criança bem pequena" (Azevedo; Ciríaco, 2021, p. 1731).

O gerenciamento das ações do grupo ocorre via oferta de Atividade Curricular de Integração Ensino, Pesquisa e Extensão (ACIEPE)[6] pela Universidade Federal de São Carlos (UFSCar), as quais são coordenadas por nós, como professores formadores. A dinâmica de

[6] A ACIEPE, na UFSCar, constitui-se como experiência educativa, cultural e científica que articula ações de Ensino, Pesquisa e Extensão. Dadas as recomendações da Pró-Reitoria de Extensão (ProEx), na ACIEPE ainda integram docentes, técnicos administrativos e discentes da universidade, em consonância com o princípio da indissociabilidade do tripé universitário.

nossos encontros é de uma periodicidade quinzenal. Neles, são proferidas palestras por pesquisadores sobre a linguagem matemática para exploração com bebês e crianças, com o intuito de auxiliar a prática docente. O trabalho empreendido oferece muitos pontos positivos, como a constituição de uma profissionalidade interativa, autônoma e deliberativa (Hargreaves; Fullan, 1998), que tem sido considerada como requisito para o desenvolvimento de professoras e melhoria das ações nas instituições.

O objetivo do Grupo de Estudos e Pesquisas "Outros Olhares para a Matemática" (GEOOM) envolve constituir arcabouço teórico-metodológico para promoção de vivências com o conhecimento matemático no período da infância. Logo, integram-no professoras da Educação Infantil e futuros(as) professores(as), ambos perfis decorrentes da licenciatura em Pedagogia e da licenciatura em Matemática, entre outros cursos, como também estudantes da pós-graduação em Educação e do mestrado profissional. Contudo, neste trabalho, centraremos as reflexões no âmbito da atuação das profissionais de creche.

A título de contextualização, o GEOOM/UFSCar nasceu em 2010 a partir do trabalho de doutoramento de Azevedo (2012), que, naquele período, investigou o processo de formação continuada em relação ao conhecimento matemático na pré-escola. Com o término da tese, o grupo demandou ampliação de seus partícipes e passou a integrar também professoras de creche. Desde então, muito do que fazemos implica contribuições à formação permanente no âmbito da atuação na creche e pré-escola, para docentes que atuam no município de São Carlos/SP e região, fomentando o debate acerca da organização do trabalho pedagógico com crianças de zero a cinco anos e onze meses, com destaque para a Educação Matemática na infância.

> [...] este é um espaço reconhecido de formação inicial e continuada, em uma interlocução das práticas e processos formativos empreendidos pelos partícipes. Para além dos princípios estruturadores de uma investigação doutoral, o GEOOM visa construir conhecimentos teóricos e práticos no campo da formação e atuação na Educação Infantil, ao contribuir com a parceria Universidade-Escola; aprofundar concepções e conhecimentos matemáticos e adquirir autonomia para os professores

> desenvolverem projetos pedagógicos inovadores que envolvam a linguagem matemática na infância (Azevedo, 2020, p. 20).

Nos moldes da extensão, o GEOOM caminha no sentido de fortalecer as discussões matemáticas na atuação com bebês, crianças bem pequenas e crianças pequenas. Trata-se de um grupo que se constituiu num contexto colaborativo e que tem como propósito estudar, refletir coletivamente e construir práticas pedagógicas que envolvem a linguagem matemática na Educação Infantil. A partir disso, o GEOOM fez e faz uso de diversas atitudes: relação interpessoal não hierárquica; participação efetiva; ajuda mútua; relação de confiança; negociação cuidadosa; tomada conjunta de decisões e metas desenvolvidas em conjunto; aproximação entre teoria e prática; comunicação efetiva - diálogo; trabalho coletivo, com responsabilidade profissional compartilhada e contínua (Fiorentini, 2004).

Nos encontros do grupo, destinamos um momento para compartilhar os temas das vivências previstas com bebês e crianças bem pequenas. Nesse espaço, professoras apresentam suas propostas de planejamento de atuação, e consideram sugestões das demais partícipes e comentários do grupo, dado este que contribui para validar a intencionalidade do processo educativo.

Com isso, ao final de cada semestre letivo (2022.1; 2022.2; 2023.1; 2023.2 e 2024.1), as professoras relataram para o grupo experiências pedagógicas situadas na exploração matemática com suas turmas. Após a apresentação com slides, músicas, vídeos e fotos, na perspectiva de validar e refletir acerca dos saberes e fazeres, chegamos aos encaminhamentos futuros, a partir da colaboração dos colegas. A partir daí, o grupo passou a ter condições de produzir uma escrita reflexiva, em subgrupos de duas ou três educadoras, culminando em um relato de experiência de até oito laudas, no qual descrevem e analisam, por meio da narrativa, suas vivências com as crianças.

Para nós, com o compartilhamento de experiências, o grupo passa a desempenhar um papel "[...] que tem contribuído para fortalecer a profissionalidade docente, principalmente das professoras de creche, além de refletir no [seu] desenvolvimento profissional e pessoal" (Ciríaco; Azevedo; Cremoneze, 2023, p. 9). Nos relatos, entendemos que "as narrativas se apresentam como fonte de significação de experiências vividas na escola, como estudantes ou como docentes" (Nacarato; Moreira; Custódio, 2019, p. 35).

A intenção com a produção do narrar das experiências é compreender possíveis contributos do compartilhar das ações gestadas no ambiente colaborativo durante as vivências propostas no espaço das instituições de Educação Infantil, levantando-se assim indicadores de processos do cuidar e educar matematicamente (Ciríaco, 2020) na interação com crianças de zero a três anos.

Conhecendo as professoras e a organização da proposta de trabalho com a Matemática de zero a três anos

No período do trabalho de campo aqui relatado, primeiro semestre de 2022 ao primeiro semestre de 2024, desenvolvemos um questionário por meio do Google Forms para traçar o perfil das professoras atuantes no GEOOM. Com base nesse instrumento de pesquisa, foi possível identificar quais delas atuavam diretamente com crianças de zero a três anos, como também demais dados de caracterização. Temos, no total, a cada ano, entre 25 e 32 professoras, das quais 8 atuam em creches.

Somos majoritariamente um grupo feminino, com faixa etária predominante entre 20 e 60 anos. A maior parte das participantes residem no estado de São Paulo e se autodeclararam pessoas brancas. Sobre a formação acadêmica, 44,4% possuem o curso de Magistério (modalidade Ensino Médio e/ou CEFAM), integralizados entre 1982 e 2011. Esse percentual, depois do ingresso na docência, buscou formação superior em cursos de licenciatura, especificamente em Pedagogia, e, posteriormente, especialização na modalidade *lato sensu*. Além disso, 11,16% das partícipes possuem mestrado em Educação ou estão cursando. Ademais, o grupo é diverso também quanto ao tempo de atuação como professoras, tendo desde meses de prática pedagógica até cerca de 30 anos de experiência com a Educação Infantil.

De modo geral, 50% das partícipes declararam ter uma boa relação com a Matemática. A outra metade transita entre "excelente", "muito boa", "razoável" ou "ruim". Assim, mesmo não destacando a relação como "excelente", acreditam que esta pode sofrer alterações a partir do envolvimento em estudos coletivos. Os sentidos atribuídos à relação com essa área do conhecimento têm implicações, na visão das docentes, na forma como seus professores da educação básica a apresentaram. Essas atitudes revelam características da identidade profissional das professoras, que, de acordo com Dubar (1997), o indivíduo nunca constrói sozinho: ela vai depender dos julgamentos dos outros, como das suas próprias orientações e autodefinições. A identidade, segundo o autor, é um produto de sucessivas socializações.

Estudos recentes sobre atitudes de professoras da Educação Infantil, como o de Tortora (2019, p. 159), evidenciam que "[...] as atitudes e crenças positivas das professoras demonstram uma abertura ao diálogo sobre sua prática e constante inquietação por aprender novas formas de interação com a matemática na Educação Infantil". Nesse contexto, compreendemos que em um espaço de interação com outros, como é o caso de um grupo de estudos como o GEOOM, as professoras podem constituir atitudes mais favoráveis à Matemática e, consequentemente, ampliar as formas de atuação com suas turmas, reverberando contributos para sua formação e identidade.

É importante salientar que a formação dialógica e colaborativa docente tem papel essencial na construção da identidade do(a) professor(a) da Educação Infantil. O(a) professor(a) da creche, de bebês e crianças bem pequenas, muitas vezes é visto pela sociedade como um(a) cuidador(a), alguém que não precisa de formação. Com o questionário, além da caracterização do grupo de professoras, foi possível perceber que a docência com crianças menores de seis anos, para a sociedade, aparentemente representa, no campo da relação de poder, algo de menor prestígio quando comparada à profissionalidade, o que não é verdade. Assim, esta pesquisa vem contribuir para militarmos no campo da profissionalidade docente para a constituição de uma identidade que exige formação profissional, conhecimentos teóricos e metodológicos, prezando pela capacitação de pedagogos polivalentes, que são também educadores matemáticos e que, por isso, conseguem fazer com excelência o cuidar e o educar matematicamente (Ciríaco, 2020).

A partir do perfil do grupo, foram oito as professoras de crianças menores de três anos com as quais trabalhamos na pesquisa. Elas serão identificadas, ao longo deste capítulo, pelas letras iniciais de seus nomes.[7] Nessa direção, analisaremos *cinco vivências* nas quais a linguagem matemática se fez presente na perspectiva de demonstrar ainda o papel que o diálogo teve na interação entre professora e bebê, e entre professora e criança bem pequena. Por "diálogo" compreendemos, tal como esclarecem Alrø e Skovsmose (2006), interações discursivas dialógicas que possam levar à criticidade. Segundo esses autores, tal aprendizagem relaciona-se à *matemacia*: capacidade de refletirmos, de modo crítico, acerca de questões em que os conhecimentos matemáticos estejam presentes.

Pensar o diálogo com o bebê e a criança bem pequena, no GEOOM, tem sido uma tarefa de escuta ativa por parte das professoras, haja vista que, muitas vezes, o diálogo transcorre não necessariamente pela linguagem oral. O conceito de escuta ativa implica "[...] fazer perguntas e dar apoio não verbal ao mesmo tempo em que tenta descobrir o que se passa com o outro" (Alrø; Skovsmose, 2006, p. 62), situação que é recorrente principalmente com os bebês.

Como vimos anteriormente, há um processo importante que antecede o trabalho com a linguagem matemática propriamente dita quando o campo de atuação envolve diretamente bebês e crianças bem pequenas. Quando nos referimos às práticas desenvolvidas no âmbito da creche, cumpre salientar que a intencionalidade pedagógica, por parte da pessoa adulta-professora, tem implicações e faz muita diferença para que consigamos transformar o desejável no possível.

Dadas a apresentação da natureza do trabalho colaborativo com as professoras de creche, a caracterização do grupo e a proposta de organização das práticas pedagógicas vivenciadas, na próxima seção, nos dedicaremos à descrição e análise de suas narrativas escritas (relatos de experiências), visando ao compartilhamento do conhecimento produzido pelo GEOOM/UFSCar ao adentrarmos o território das crianças menores de três anos, perpassando por diferentes temáticas, tais como: procedimentos mentais, senso numérico, senso espacial, senso de medida e senso estatístico/probabilístico.

[7] Destacamos que temos aprovação do Comitê de Ética em Pesquisa, via Plataforma Brasil, pelo CAAE N.º: 56585822.8.0000.5504, parecer: 5.461.494.

Procedimentos mentais básicos

O relato intitulado "Vivência lúdica: uma pesca divertida" foi escrito por quatro professoras da rede municipal de Educação Infantil de São Carlos, identificadas aqui pelas letras iniciais de seus respectivos nomes – **E. C. F. S.**, **E. C. M. C.**, **F. R. F. M.** e **J. C. V. B.** –, e foi desenvolvido na turma de duas professoras com bebês e crianças bem pequenas de quatro meses a dois anos de idade no ano de 2023. A proposta envolveu histórias, músicas e brincadeira de pescaria.

Com base na concepção das inteligências múltiplas (Gardner, 1994), é possível fazer uma educação bem diferente da que vivemos: "[...] a visão pluralista da mente reconhece muitas facetas diversas da cognição e admite que as pessoas têm forças cognitivas diferenciadas e estilos de aprendizagem contrastantes" (Smole, 2003, p. 52). Dessa forma, proporcionar aos bebês e às crianças bem pequenas diferentes tipos de vivências, brincadeiras, músicas e histórias, atenderá de modo mais integral às especificidades desse grupo, contemplando suas necessidades, desejos, preferências, e vivendo seu desenvolvimento e aprendizagem.

As professoras utilizaram livros de pano com a temática do mar, o que envolveu os bebês na proposta da vivência. A identificação dos peixes, seus tamanhos e cores cativou e encantou a turma do berçário, que explorou também a textura do tecido do livro, amassando-o, colocando-o na boca e o experienciando de diferentes formas.

Figura 16 – Exploração do livro de pano com os bebês

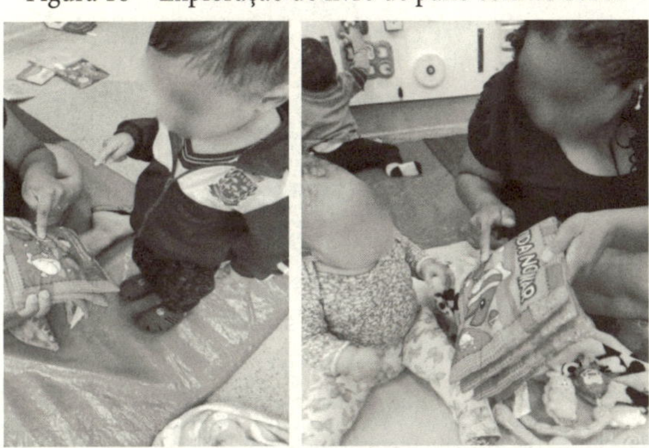

Fonte: Acervo fotográfico das professoras.

Ao ler o livro com os bebês, a professora tinha a intencionalidade dentro do campo da Educação Matemática de identificar as características dos peixes. Os bebês ainda não classificaram por cor ou tamanho, mas a professora chamou a atenção para essas características.

Articuladas à leitura, músicas como "O peixinho vai nadando", "Bolha, bolha, bolha", "Se eu fosse um peixinho", "Peixe vivo" e "Pedala, pedalinho" foram uma possibilidade de articulação entre a música, a Matemática e o movimento corporal.

Figura 17 – QR Code de "O peixinho vai nadando"

Fonte: YouTube.[8]

Figura 18 – QR Code de "Bolha, bolha, bolha"

Fonte: YouTube.[9]

Figura 19 – QR Code de "Se eu fosse um peixinho"

Fonte: YouTube.[10]

[8] Disponível em: https://www.youtube.com/watch?v=Vwk_j7jaCk4. Acesso em: 27 ago. 2024.

[9] Disponível em: https://www.youtube.com/watch?v=tdEI7o2EEng. Acesso em: 27 ago. 2024.

[10] Disponível em: https://www.youtube.com/watch?v=AGQS11xQ4ZY. Acesso em: 27 ago. 2024.

Figura 20 – QR Code de "Peixe vivo"

Fonte: YouTube.[11]

Figura 21 – QR Code de "Pedala, pedalinho"

Fonte: YouTube.[12]

As músicas envolvem os bebês e as crianças bem pequenas. Não é à toa o interesse por ritmos e sons musicais, visto que essa relação começa quando o bebê entra em contato com o universo sonoro que o cerca, a partir do seu nascimento (Smole, 2003). A sequência repetida da música, por exemplo, "se eu fosse um peixinho e soubesse nadar, eu tirava a Maria do fundo do mar" era depois repetida com o nome de todos os bebês. Essa repetição remete a um procedimento mental importante da *seriação* que será construído durante a Educação Infantil.

A seriação, segundo Lorenzato (2006), implica ordenar uma sequência segundo um critério. Os bebês percebem a repetição pela musicalidade, mas eles não têm muita consciência desse procedimento mental, e tudo bem, afinal, são as professoras que estão com eles que precisam ter esse conhecimento para que, intencionalmente, explorem de modo lúdico tal ação.

[11] Disponível em: https://www.youtube.com/watch?v=a6rT0x4ZSj4. Acesso em: 27 ago. 2024.

[12] Disponível em: https://www.youtube.com/watch?v=KHvFV8OmDok. Acesso em: 27 ago. 2024.

Em seguida, as professoras propuseram a pescaria para os bebês e as crianças bem pequenas de formas diferentes. Os bebês de até um ano pescaram com as mãos e a peneira grande.

Figura 22 – Pescaria dos bebês

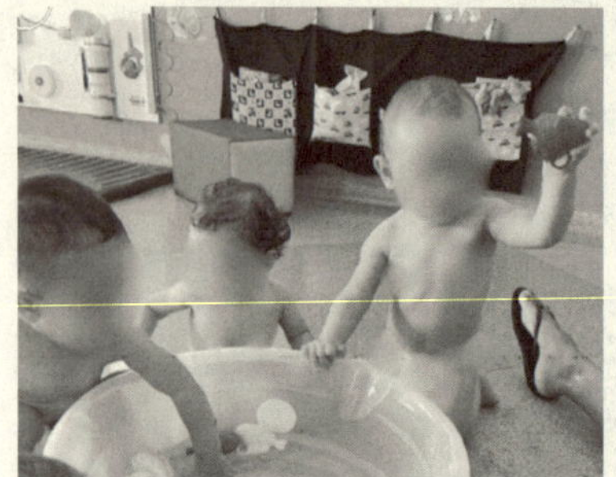

Fonte: Acervo fotográfico das professoras.

A brincadeira e as interações desse momento foram muito ricas, as professoras exploraram a água e brincaram com os bebês num dia de muito calor. A cada ação dos bebês, a professora conversava com a turma sobre a quantidade de peixes que foram pescados (um, dois ou três) e a cor dos peixes. Os bebês ainda não faziam a *correspondência um a um*, mas a professora sabia que, brincando de quantificar, relacionando o objeto com as infinitas vivências e experiências que ainda teriam, eles iriam construir esse procedimento mental aos poucos. Reforçamos que a intencionalidade aqui está na ação do adulto, e não do bebê, por isso esse tipo de prática pedagógica se fará fundamental para desenvolver a linguagem matemática.

Por sua vez, as crianças bem pequenas de um a dois anos usaram a vara de pescar e a peneira pequena. Nessa turma, foram separando os peixinhos que pescavam e falavam as cores que conheciam. A professora pôde iniciar um processo de separar em categorias, de acordo com semelhanças ou diferenças, a partir das cores: embora as crianças não soubessem o nome de todas, elas conseguiam ver quais eram iguais ou diferentes e, com a ajuda do adulto, puderam exercer o processo mental da *classificação*.

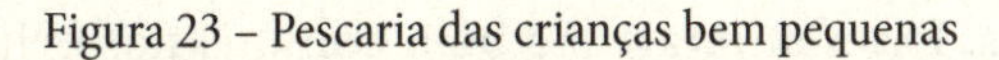

Figura 23 – Pescaria das crianças bem pequenas

Fonte: Acervo fotográfico das professoras.

"*Essa vivência exigiu coordenação motora, atenção, repetição, pensamento relacional, ordenação, lateralidade, seriação, ao mesmo tempo que brincavam, cantavam e manipulam objetos*" (Relato de experiência de **E. C. F. S., E. C. M. C., F. R. F. M.** e **J. C. V. B.,** 2023, p. 7).

É importante destacar que a vivência pode ser proposta várias vezes, e que a cada vez que a turma brincar a experiência será única. Por exemplo, essa prática espontânea de separar os peixes pescados pode num outro momento sugerir uma *sequenciação*, ato de fazer suceder a cada elemento um outro, sem considerar a ordem entre eles (Lorenzato, 2006). Os bebês e as crianças bem pequenas não terão muita consciência dessa ação, mas as professoras devem ter para que, aos poucos, possam destacar importantes aspectos do pensamento para a turma.

A professora também pode chamar a atenção dos bebês e das crianças bem pequenas para o aspecto da *comparação*. No diálogo, é possível destacar as diferenças e semelhanças entre os peixes, as bacias, as peneiras: "esta peneira é maior que aquela", "esse peixe é do mesmo tamanho daquele".

Com o tempo a turma vai ampliando a experiência da pescaria, a professora pode inserir outros animais que vivem na água como tartaruga marinha, cavalo marinho, estrela do mar, golfinho, baleia, entre outros. Esses animais são bem comuns nos brinquedos de banho dos bebês; são geralmente de plástico e apropriados para a idade. Juntando esses animais marinhos aos peixes, os bebês e as crianças bem pequenas poderão brincar e ampliar seus repertórios de animais aquáticos. Com isso, poderão, com a ajuda da professora, desenvolver o pensamento da *inclusão*, de como abranger um conjunto, por exemplo, peixes, tartarugas marinhas e estrela do mar fazem parte do grupo dos animais de *habitat* aquático. Esse aspecto inicial da inclusão poderá ser trabalhado com as crianças bem pequenas e, com o passar dos anos, no final da etapa da Educação Infantil, esse conceito será ampliado para a inclusão hierárquica (Kamii, 2012), "um" está incluído no "dois", o "dois" no "três", e assim por diante; é quando a criança percebe a relação da operação do "+1".

Por fim, o procedimento mental da *conversação* parece ser mais complexo para os bebês e as crianças bem pequenas, mas as professoras precisam ter consciência dele. Eles ainda não irão perceber que a quantidade não depende da arrumação, forma ou posição. Também parecerá uma mágica para eles que uma caixa com todas as faces retangulares, ora apoiada sobre a face menor, ora sobre a maior, conserve a quantidade de lados, cantos e medidas. Os bebês e as crianças bem pequenas ainda não têm estrutura mental para abstrair esse conceito, mas é seu direito brincar com as caixas de diferentes tamanhos, com tampinhas e outros brinquedos do mesmo gênero para ir construindo um rol de experiências significativas que irão colaborar com a construção dos conceitos, no momento certo.

Dessa forma, trabalhar os procedimentos mentais, desde a mais tenra idade, é um desafio para as professoras, que precisam estar bem formadas para proporcionar as melhores experiências para os bebês e as crianças bem pequenas, sabendo que essas habilidades

"[...] interpõem-se e integram-se, num vai e vem contínuo e pleno de inter-relacionamentos e, assim, um vai esclarecendo e apoiando o outro na elaboração dos conceitos" (Lorenzato, 2006, p. 30).

Temos aqui alguns exemplos de situações cotidianas que poderiam passar despercebidas caso as professoras não se preocupassem com o desenvolvimento da linguagem matemática das turmas com as quais atuavam. Nesse sentido, as práticas aqui referenciadas servem como indicadores para algumas ações no campo da Educação Matemática na infância.

Noção numérica

O número está presente em nosso cotidiano. Constantemente vivenciamos situações nas quais comparar quantidades, ordená-las e reagrupá-las são atividades recorrentes. Lorenzato (2006, p. 32) considera que o número precisa ser abordado, desde a Educação Infantil, com base em diferentes vertentes: "[...] como localizador, identificador, ordenador, quantificador, cardinalidade, ordinalidade, para cálculos e medidas". Nessa direção, qualquer que seja o tipo de relação mental estabelecida por uma criança acerca do número, esta pressuporá algumas noções elementares: "[...] um depois de outro, este se relaciona com aquele, isto contém aquilo, eles são parecidos, é a mesma coisa" (Lorenzato, 2006, p. 32).

Face a tal entendimento, analisamos o relato intitulado "Caça aos ovos: uma experiência com a linguagem matemática na Educação Infantil", de autoria de **L. C. G.** e **C. C. B. de A. D.**, cuja vivência foi desenvolvida com crianças de três anos e três anos e onze meses em 2022. Pelo exposto no texto das professoras, a fundamentação teórica recaí na questão do papel que a brincadeira exerce no desenvolvimento da linguagem matemática para a noção numérica.

As professoras adotam autoras do campo da Educação Infantil, como Oliveira *et al.* (2012), quando defendem que a "[...] *expressividade do brincar não é resultado de um desenvolvimento natural, mas, sim, fruto do seu desenvolvimento sociocultural*" (Relato de experiência de **L. C. G.** e **C. C. B. de A. D.**, 2022, p. 1). Assim, entendem que brincar é algo que se aprende socialmente e que o contato com a cultura, por meio da professora e dos recursos que ela apresenta, melhora a qualidade da brincadeira.

Azevedo e Passos (2012, p. 69) consideram que é "[...] possível aprender a partir da atividade lúdica e da exploração ativa, da interpretação do mundo à medida que sua curiosidade é instigada, de uma forma que valorize suas potencialidades e, a partir disso, desenvolva suas linguagens". Nessa perspectiva, frente à valorização do lúdico, as crianças foram convidadas para participação da brincadeira "Caça aos ovos", planejada, proposta e orientada por **L. C. G.** e **C. C. B. de A. D.** O objetivo da vivência residiu em trabalhar as noções matemáticas mais/menos, muito/pouco e igual/diferente, importantes para a construção do conceito de número, em uma ampla relação com a preocupação em desenvolver habilidades de investigação relacionadas à resolução de problemas não convencionais.

Em termos metodológicos, o grupo de crianças foi reunido no espaço externo da creche (ambiente amplo e arborizado), onde as professoras dialogaram em uma roda de conversa. Na rotina de turmas da Educação Infantil, a roda cumpre papel fundamental para interação entre todos. É com tal ação que conseguimos, como educadores(as) da infância, explorar a expressão de ideias, sentimentos, valores, desejos, e compreender como o outro também se sente em diversos momentos. "*Na roda, a professora explicou que as crianças iriam brincar de caçar ovos (bolinhas de plástico coloridas) que estavam nos ninhos (chapéus de palha) espalhados pelo bosque (nome do espaço dado pelas próprias crianças)*" (Relato de experiência de **L. C. G.** e **C. C. B. de A. D.**, 2022, p. 2).

Para cumprir o combinado da brincadeira, cada criança recebeu um embornal[13] para que pudessem "guardar" os ovos que encontrassem. Assim, no diálogo inicial, ficou acordado entre professoras e crianças o sinal para começar a "caçada" (som da galinha d'angola: "tô fraco, tô fraco, tô fraco"). Ao sinal primeiro, as crianças saíram pelo "bosque" com a intenção de coletar os ovos, escondidos intencionalmente por **L. C. G.** e **C. C. B. de A. D.**

[13] 1. saco que contém a comida das cavalgaduras; bornal; 2.m.q. *BORNAL* ('sacola').

Figura 24 – Ninho da galinha

Fonte: Acervo fotográfico das professoras.

Em ambientes pedagógicos destinados a crianças menores de seis anos, brincadeiras podem ser recorridas como estratégias para a aquisição de diversas linguagens, especialmente para a construção da linguagem matemática. Há tal compreensão na situação desencadeada por essas docentes.

Figura 25 – Caçada aos ovos no "bosque"

Fonte: Acervo fotográfico das professoras.

Autoras como Smole, Diniz e Cândido (2000a; 2000b) defendem que, para ser útil à criança, a atividade do brincar necessita apresentar-se como desafiadora e interessante, permitindo que elas possam participar ativamente, desencadeando processos de pensamento que possibilitem sua avaliação de desempenho. Nessa direção, segundo **L. C. G.** e **C. C. B. de A. D.** (Relato de experiência, 2022, p. 3), "[...] *a brincadeira deve promover diversas situações-problema, permitindo que as crianças usem estratégias, estabeleçam planos e descubram possibilidades para, assim, alcançar um objetivo determinado*".

Nesse sentido, quando findaram a caçada aos ovos, crianças e professoras retornaram à sala para verificação das quantidades em cada embornal. A tarefa de verificar o quantitativo ocorreu de modo individual, e todo o grupo, atentamente, acompanhou a contagem de cada integrante ansiosamente.

Figura 26 – Verificação da quantidade de ovos coletados pelo grupo

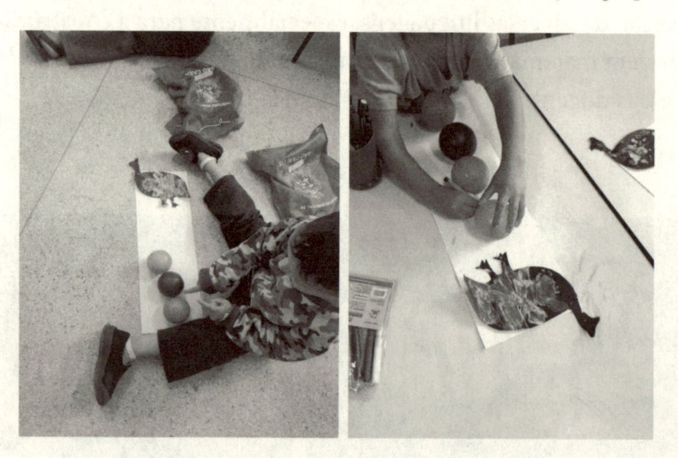

Fonte: Acervo fotográfico das professoras.

De acordo com o relato das professoras, por meio das falas e interações com o grupo, foi possível constatar uma comparação entre as quantidades de ovos. Como podemos observar, há na ação de organizar um movimento de ordem (um a um) das bolas que representam os ovos. Para Kamii (2012), isso ocorre porque, na construção do conceito de número pela criança, a ordem e a inclusão hierárquica são procedimentos essenciais para a relação mental feita pelo indivíduo, relação em que se fundamenta o conceito de número.

Uma proposta de trabalho mais adequada para a abordagem da noção numérica precisa levar em consideração não só os aspectos ordinais e de inclusão hierárquica, mas também "[...] primeiramente a fazer correspondência, comparações, classificações etc.; depois, denominar o processo de conservações de quantidades; em seguida, a contagem; e, finalmente, as operações" (Lorenzato, 2006, p. 32), o que percebemos ocorrer de modo intuitivo na Fig. 11. Logo, pela percepção de **L. C. G.** e **C. C. B. de A. D.**, foram trabalhadas noções de mais/menos, muito/pouco e igual/diferente, o que concordamos.

Ao darem continuidade na vivência, após verificarem e organizarem a quantidade de "ovos", as crianças realizaram o contorno destes na respectiva cor e preencheram com papel crepom (também de cor semelhante). "*Realizamos uma roda de conversa, momento em que a professora fixou o painel da galinha e o espaço com a escrita de 'muito' e 'pouco', assim cada criança direcionou sua produção de acordo com a concepção de muito e pouco*" (Relato de experiência de **L. C. G.** e **C. C. B. de A. D.**, 2022, p. 4).

Figura 27 – Organização da quantidade de ovos
segundo a concepção de "muito" e "pouco"

Fonte: Acervo fotográfico das professoras.

Observamos que, na condução da proposta da vivência, **L. C. G.** e **C. C. B. de A. D.** levam em consideração uma atividade permanente que cumpre uma função relevante para o princípio avaliativo na Educação Infantil: o registro pictórico do processo vivenciado.

"*Para registrar a vivência, as crianças foram convidadas a desenhar a brincadeira, pois consideramos o desenho um valioso instrumento de documentação pedagógica de experiências, onde a criança deposita suas percepções, sensações e seu olhar sobre o mundo*" (Relato de experiência de **L. C. G.** e **C. C. B. de A. D.**, 2022, p. 5).

Grando e Moreira (2014) destacam que o registro é uma ferramenta importante, pois garante reflexão e aquisição de novos conceitos e ideias como consequência. A título de ilustração, no diálogo sobre as produções infantis, algumas falas transcorreram da seguinte forma:

> – *A minha galinha tem pouquinho, só um ovo verde!*
> – *A minha tem muito e tudo colorido!*
> – *Eu vou colocar a minha perto porque tá igual de ovo!*
> (Relato de experiência de **L. C. G.** e **C. C. B. de A. D.**, 2022, p. 6).

Os registros exercem papel importante na comunicação oral e escrita, pois permitem que as crianças estabeleçam relações entre suas noções informais e as noções matemáticas envolvidas na brincadeira. Ao solicitarem o registro pictórico, as professoras **L. C. G.** e **C. C. B. de A. D.** oferecem ao grupo a oportunidade de apresentar e discutir acerca de como tais representações refletem o que as crianças pensaram, como agiram ou que dúvidas tiveram durante a vivência (Smole; Diniz; Cândido, 2000a; 2000b).

O registro, além de favorecer o processo de desenvolvimento/aprendizagem, contribui para a organização pedagógica da professora de creche, uma vez que tal alternativa metodológica se inscreve no campo da tentativa de compreensão sobre os modos de pensar infantis e pode apontar indicadores de atuação em planejamentos futuros (Grando; Moreira, 2014).

Quando tratamos do registro pictórico com crianças menores de três anos, cumpre destacar que nem sempre ele irá representar o que a professora explorou junto ao grupo, mas, sim, o processo vivenciado pela criança e suas percepções do espaço vivido. Por essa razão, constituir momentos de escuta ativa (Alrø; Skovsmose, 2006) torna-se relevante para que possamos respeitar o tempo de aprendizagem. Um exemplo é a Fig. 28, em que talvez a expectativa fosse que as crianças representassem a quantidade de ovos que caçaram no ninho da galinha, mas o que vemos é algo diferente, aparentemente.

Isso indica que as professoras, em diferentes momentos do ano, podem explorar outros contextos em que a noção numérica apareça e seja objeto de reflexão das crianças para que estas cheguem ao objetivo desejado.

Figura 28 – Registros pictóricos das crianças

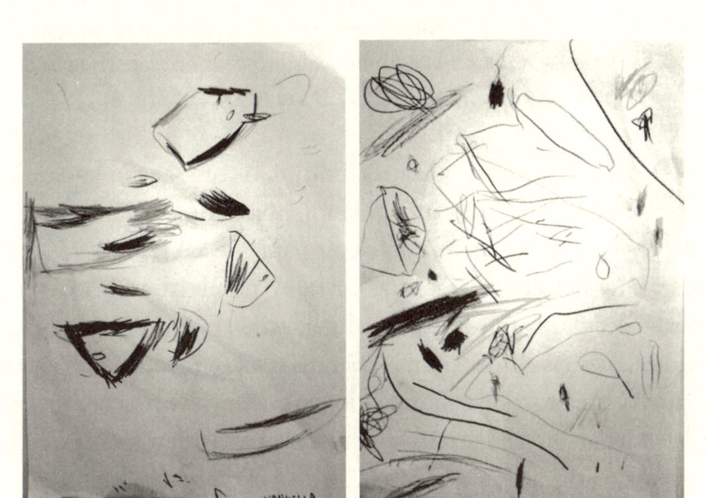

Fonte: Acervo fotográfico das professoras.

A documentação pedagógica do processo educativo a partir de produções infantis é um artefato valioso à Educação Infantil. Quando a criança desenha o que vivenciou, ela dá sentido e significado lógico ao processo experienciado. Ao ter oportunidade de "falar" e "escrever" sobre suas atividades de interação, consegue exprimir sua forma de raciocínio e, com isso, fundamentar seu pensamento. Para nós, o exercício cotidiano de exploração do fazer matemático na infância deve considerar tal ação, principalmente, quando estamos a atuar com grupos de crianças que estão em pleno desenvolvimento da linguagem oral, como é o caso aqui.

Ao findarem o relato, as professoras destacam a seguinte reflexão:

> *Entendemos que, em se tratando de Educação Infantil, a necessidade de interagir, brincar, construir e relacionar-se precisa ser cuidadosamente garantida. Brincar é essencial para o desenvolvimento infantil, e disponibilizar espaço e tempo para as brincadeiras significa contribuir para um desenvolvimento saudável da criança na perspectiva do cuidar e educar. Consideramos a Educação Infantil espaço coletivo de socialização e produção de cultura, onde o professor, como articulador desse espaço, precisa ter sensibilidade e um novo olhar para respeitar o tempo de cada criança. Nesse espaço de promoção de vivências, o "brincar" deve ser valorizado e a criança respeitada para ter autonomia e tomar suas próprias decisões* (Relato de experiência de **L. C. G.** e **C. C. B. de A. D.**, 2022, p. 6).

As considerações destacadas indicam o reconhecimento de que, como professoras da Educação Infantil, nossa função não é, necessariamente, ensinar, mas, sim, contribuir para que as crianças vivenciem uma série de situações e propostas em que o número e as relações mentais estabelecidas para comparar, contar, ordenar, incluir, etc. se façam presentes, haja vista que o número é uma relação mental feita por cada indivíduo e um processo contínuo e longo que envolve relações abstratas. Ao defenderem ser a Educação Infantil um espaço de promoção à cultura por meio do brincar, **L. C. G.** e **C. C. B. de A. D.** também estão a se posicionar politicamente frente ao ato de cuidado e educação compreendido por elas como um princípio estético e ético da carreira docente na creche.

Em resumo, ao exprimirem a necessidade de garantir a autonomia da criança desde a mais tenra idade, essas professoras estão a nos dizer que precisamos estimular as crianças a pensarem.

Noção espacial

O relato intitulado "Siga a pista: uma proposta de exploração espacial na Educação Infantil com crianças de três de idade", escrito por duas professoras, **L. C. G.** e **C. C. B. A. D.**, traz indicadores para refletirmos sobre o trabalho referente à noção espacial e às noções geométricas com as crianças bem pequenas.

A experiência foi realizada com vinte crianças de três anos, em 2022, e priorizou os dois eixos principais do currículo da Educação Infantil: as interações e a brincadeira. A brincadeira proposta foi "Siga a pista". A vivência teve início com um passeio pelo Centro Municipal de Educação Infantil (CEMEI), onde a professora solicitou que as crianças observassem e escolhessem quatro locais que mais gostassem, pois seriam fotografados com o intuito de as fotos serem ampliadas e utilizadas para a montagem de quatro quebra-cabeças de quatro peças em caixas de papelão.

Depois disso, foi realizada a leitura da história *O tesouro da raposa*, de Ana Maria Machado.

Figura 29 – *O tesouro da raposa*

Fonte: Machado (2013).

Figura 30 – QR Code para conhecer a história *O tesouro da raposa*

Fonte: YouTube.[14]

Em seguida, as crianças foram convidadas a brincar de caça ao tesouro. Para realizar a brincadeira, a professora organizou uma roda

[14] Disponível em: https://www.youtube.com/watch?v=QMDGLiT9a4A. Acesso em: 27 ago. 2024.

de conversa na sala de referência e trouxe para o centro da roda um quebra-cabeça, para que as crianças pudessem montar e descobrir a primeira pista.

Montaram um quebra-cabeça de caixas de quatro peças e descobriram a primeira pista: o jardim, o pé de azaleia (Fig. 31).

Figura 31 – Primeira pista

Fonte: Acervo fotográfico das professoras.

Ao montarem o primeiro quebra-cabeça, as crianças foram até o local e encontraram outras peças de quebra-cabeça. Assim, uma nova pista foi descoberta.

Figura 32 – Segunda pista

Fonte: Acervo fotográfico das professoras.

Após passarem pelos quatro locais que estavam nos quebra-cabeças, no último, as crianças encontraram uma mala misteriosa que escondia um "tesouro".

Figura 33 – A mala misteriosa com o tesouro

Fonte: Acervo fotográfico das professoras.

Ao encontrarem a mala, levaram-na para a sala e a colocaram na roda.

Figura 34 – A mala na roda

Fonte: Acervo fotográfico das professoras.

Em roda, as crianças foram instigadas a descobrir o que poderia ser o tesouro. Surgiram várias hipóteses, tais como: uma unha, uma melancia, uma pedra, uma bala, uma banana, um doce, entre outras. Nesse momento, surgia outro desafio, que consistia em descobrir como abrir a mala, visto que o objeto era desconhecido pelas crianças, o que trouxe várias ideias e tentativas de abri-la. Algumas crianças utilizaram a força física, outras sugeriram uma chave, outras acreditaram que deveriam atuar em grupo, pois quanto mais força mais provável de abri-la. Após muitas ideias e tentativas, recorreram à mediação da professora para que pudesse auxiliar na abertura da mala, revelando o belo processo de resolução de problemas não convencionais.

Figura 35 – A abertura da mala

Fonte: Acervo fotográfico das professoras.

Após abrirem as travas da mala, encontraram quatro saquinhos com algo dentro; como não conheciam argila, falaram que era uma massinha de modelar na cor terra. O motivo da escolha de argila foi intencional por parte da professora **L. C. G.**, porque a protagonista da história *O tesouro da raposa*, no caso, a raposa, carregava tijolos para construir uma casa. Assim, as crianças conversaram sobre a origem da argila e começaram a construir seu próprio tesouro.

Figura 36 – Construções em argila pelas crianças

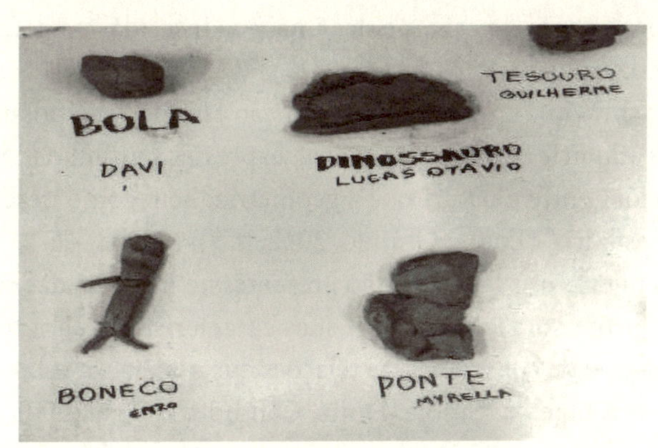

Fonte: Acervo fotográfico das professoras.

Para finalizar a vivência, as crianças foram convidadas a reorganizar o percurso dos locais montando os quebra-cabeças, que nesse momento foram ofertados em formato de figuras planas, para, assim, construírem um mapa, no qual seria representada a sequência percorrida por elas para chegar ao local em que o tesouro estava escondido.

Figura 37 – Construindo a sequência do caminho percorrido para chegar até o "tesouro"

Fonte: Acervo fotográfico das professoras.

A vivência realizada priorizou a brincadeira e as interações. A noção espacial foi trabalhada a partir da caça ao tesouro, da montagem do quebra-cabeça e da construção da pista. As noções geométricas foram destacadas a partir da observação do espaço tridimensional, do quebra-cabeça de caixas e das imagens inseridas na construção coletiva da pista.

Sabemos que o trabalho com a noção espacial "[...] possibilita às crianças adquirir adequação espacial, expressar sensibilidade através das relações entre a natureza e a geometria, bem como desenvolver o senso estético" (Lopes; Grando, 2012, p. 7).

As figuras e as formas estão presentes no dia a dia das crianças, basta as professoras destacarem suas características para trazerem para o campo da consciência as relações que podem ser estabelecidas a partir dos objetos (Smole; Diniz; Cândido, 2000a; 2000b). Dessa forma, a referida vivência foi muito pertinente: envolveu as crianças, contemplou seus interesses, instigou suas curiosidades e despertou o exercício do pensamento matemático.

Smole, Diniz e Cândido (2003) afirmam que o quebra-cabeça é um jogo em que o desafio de montar a figura completa na criança a capacidade de analisar e de buscar formas de resolução de problema. O trabalho com os quebra-cabeças, segundo os autores, é importante, pois desenvolve habilidades espaciais e geométricas, como: visualização e reconhecimento de figuras; análise de suas características; observação de movimentos que mantêm essas características; composição e decomposição de figuras; percepção da posição; enriquecimento do vocabulário geométrico; e organização do espaço com os movimentos de translações (deslizamentos), reflexões (viradas) e rotações (giros) das peças.

Ao movimentarem as peças do quebra-cabeça, aos poucos, as crianças percebem que há uma constância de percepção ou constância de forma e tamanho, e reconhecem que o objeto tem propriedades invariáveis, como tamanho e forma, seja em qual posição estiver (Del Grande, 1994). Segundo Frostig e Horne (1964), citados por Del Grande (1994), a constância de percepção depende em parte da aprendizagem e das experiências que são fornecidas às crianças por atividades de natureza geométrica. O quebra-cabeça é um dos meios para desenvolver tais atividades (Azevedo, 2012).

Segundo Kaleff, Votto e Corrêa (2007), o uso pedagógico do quebra-cabeça deve ir além do prazer de jogar. As autoras, apoiadas nas ideias de Moura (1994), enfatizam que colocar as crianças diante de situações de jogo pode ser uma boa estratégia para aproximá-las da cultura a ser veiculada na instituição de Educação Infantil, como também para promover o desenvolvimento de novas estruturas cognitivas (Kaleff; Votto; Corrêa, 2007).

É importante destacar também que no jogo de quebra-cabeça a criança interage com os colegas de modo cooperativo, aprendendo a trabalhar em conjunto na busca de soluções (Kaleff; Votto; Corrêa, 2007).

Esse relato de experiência apresenta o trabalho com o quebra-cabeça de quatro peças. Aos poucos, a professora pode ampliar o número de peças do quebra-cabeça até chegar no Tangram, o quebra-cabeça geométrico, por exemplo, que também contribuirá para as crianças conhecerem os nomes das formas, observarem e elencarem as suas características: o número de lados, o tamanho dos lados e o número de pontas (vértices). Além disso, podem juntar as peças e montar figuras, imaginar e criar formas e cenários.

Nesses termos, as professoras autoras do relato de experiência destacaram como objetivo da vivência trabalhar com a resolução de problemas não convencionais, visto que desenvolve nas crianças o espírito de perseverança, a habilidade de análise e a capacidade de buscar processos cada vez mais reflexivos de resolução de problemas.

De acordo como Lamonato e Passos (2009, p. 95), o trabalho com a geometria pode ser caracterizado por explorações, por questionamentos e, ainda, "[...] pela resolução de problemas, pela experimentação, pela decisão, pela discussão, pela socialização – elementos da exploração-investigação matemática [...]".

Entendemos que a Educação Matemática para a infância deve valorizar a resolução de problemas, que serão resolvidos de forma não convencional, sem algoritmos ou respostas numéricas, necessariamente, visto que os melhores problemas surgem da própria atividade matemática que a criança realiza ao explorar e investigar o seu mundo real e o seu mundo lúdico.

Noção de medida

Este relato foi escrito pelas professoras **E. F. S.** e **F. R. F. M.**, e visou apresentar duas vivências lúdicas propostas para crianças da faixa etária de um ano e cinco meses a três anos, em dois Centros Municipais de Educação Infantil (CEMEI). Para tal fim, as docentes recorrem à literatura infantil como uma das alternativas metodológicas para a vivência. O relato intitulado “Vivência lúdica: *Cabritos, cabritões* – uma vivência matemática” foi realizado no ano letivo de 2022.

Dada a justificativa das professoras autoras, a proposta em questão surgiu a partir da leitura do livro *Cabritos, cabritões* (2009) de Olalla González, que narra a história de três cabritos que viviam no alto de uma montanha: o pequeno, o médio e o grande. Os cabritos precisavam se alimentar, porém, tinham que pensar em um plano para enganar o terrível ogro guardião da ponte, que não deixava ninguém atravessar para a outra margem do rio.

Figura 38 – Livro *Cabritos, cabritões*

Fonte: González (2009).

Figura 39 – QR Code para conhecer a história de *Cabritos, cabritões*

Fonte: YouTube.[15]

[15] Disponível em: https://www.youtube.com/watch?v=ox8pi1qppHA. Acesso em: 30 ago. 2024.

Em reflexão acerca das possibilidades de exploração na creche, **E. F. S.** e **F. R. F. M.** afirmam que, tendo em vista

> [...] *as diferentes linguagens, destacamos o conhecimento matemático que surgirá nos espaços de Educação Infantil, integrado com a literatura infantil, pois o mundo lúdico das histórias infantis pode oportunizar ao professor a realização de situações problemas, assim como possibilitar que as crianças ampliem suas habilidades de pensamento e vivenciem o que significa fazer matemática. Diante destas reflexões, é importante destacar que apesar de ter um objetivo pensado nos conhecimentos matemáticos, a literatura infantil foi explorada em primeiro plano e não perdeu o seu encanto: os aspectos da história foram apresentados e somados a outros* (Relato de experiência de **E. F. S.** e **F. R. F. M.**, 2022, p. 1).

Na avaliação de **E. F. S.** e **F. R. F. M.**, o resultado das vivências foi muito positivo em relação a contemplar os objetivos propostos, embora poucas famílias tenham se envolvido nas atividades planejadas. Para compreendermos melhor o que foi idealizado, realizado e refletido, apresentamos, a seguir, o processo constituído junto às crianças.

Em termos de referenciais teóricos que sustentam o trabalho dessas professoras, destaca-se a relevância das Diretrizes Curriculares Nacionais para a Educação Infantil - DCNEI (Brasil, 2010), quando o documento aponta ser nesse espaço de convivência - a instituição de Educação Infantil - que bebês e crianças menores de seis anos podem ter momentos de articulação de diferentes linguagens que permitam a participação, expressão, criação, manifestação e consideração dos interesses. Segundo **E. F. S.** e **F. R. F. M.** (Relato de experiência, 2022, p. 2), o trabalho com a primeira etapa da educação básica deve "[...] *garantir que as crianças tenham experiências variadas com as diversas linguagens, reconhecendo que o mundo no qual estão inseridas é amplamente marcado por imagens, sons, falas e escritas*".

Com isso, defendem que "Nesse processo é preciso valorizar o lúdico, as brincadeiras e as culturas infantis" (Brasil, 2010, p. 15), justificando, assim, o que intencionaram e realizaram junto às turmas com as quais atuaram em 2022. A defesa de adotar perspectivas da utilização da literatura infantil é apontada com base nos dizeres de autoras do campo da Educação Matemática na Educação Infantil, a exemplo de Smole (2000) e Azevedo (2012).

O objetivo das ações residiu em

> [...] *estimular o desenvolvimento do raciocínio lógico-matemático e discriminação visual; trabalhar a resolução de problemas não convencionais pelo processo de investigação; selecionar junto às crianças informações, levantar hipóteses, escolher a estratégia de resolução e tomada de decisão, por meio da literatura infantil* (Relato de experiência de **E. F. S.** e **F. R. F. M.**, 2022, p. 5).

Sobre o desenvolvimento, no relato houve uma descrição da vivência em dois momentos, isso porque a proposta transcorreu em duas turmas distintas.

No primeiro contexto, de crianças de um ano e cinco meses a dois anos e cinco meses, a partir da observação e escuta ativa (Alrø; Skovsmose, 2006) da professora, a proposta foi desenvolvida buscando atender a necessidades formativas do grupo, isso porque **F. R. F. M.** percebeu que as crianças estavam separando objetos por tamanhos, ação intuitiva em diferentes momentos da rotina.

Com a leitura inicial do livro *Cabritos, cabritões* (González, 2009), momento descrito pela professora como uma ação permanente em sua prática, denominada "contação de história", as crianças sentaram-se em roda e, à medida que o enredo avançava, eram apresentadas às imagens do livro. A contação transcorreu "[...] *mostrando as figuras, fazendo gestos e mudando a entonação da voz*" (Relato de experiência de **E. F. S.** e **F. R. F. M.**, 2022, p. 5).

Uma observação importante, neste primeiro contexto, é que não podemos nos eximir de explorar questões da noção de medida com crianças menores de três anos em nome da pretensa hipótese de que estas não seriam "capazes" de compreender perspectivas dessa natureza. As docentes descrevem uma passagem interessante para o grupo de crianças de um ano e cinco meses a dois anos e cinco meses quando afirmam:

> *Na história temos três cabritos de tamanhos diferentes e essa diferenciação foi o gatilho para a continuidade da nossa vivência. Depois de explorarmos a história, perguntou-se às crianças quem*

> *era o menor na sala e imediatamente responderam que era a criança mais nova e pequena da turma. E o maior? E o de tamanho médio? E a cada pergunta as crianças respondiam conforme iam fazendo suas conclusões* (Relato de experiência de **E. F. S.** e **F. R. F. M.**, 2022, p. 5).

Após a contação da história, em uma leitura interpretativa de que a literatura infantil não se apresenta como pretexto para exploração da linguagem matemática, mas, sim, como um contexto para tal finalidade, a professora da turma, dando continuidade à vivência, disponibilizou ao grupo cubos de tecido em cujas faces havia a representação pictórica de um animal (leão, macaco, pato, cachorro, pintinho, entre outros). Os cubos tinham, intencionalmente, tamanhos pequeno, médio e grande.

Figura 40 – Crianças explorando os cubos de tecido

Fonte: Acervo fotográfico das professoras.

Na referida proposta, segundo a professora da turma, o foco foi "[...] *verificar se elas tinham percebido que os cubos poderiam ser empilhados e que se utilizassem da ideia do maior para o menor a pilha de cubos ficaria em pé*" (Relato de experiência de **E. F. S.** e **F. R. F. M.**, 2022, p. 6). Como verificamos na Fig. 40, houve algumas tentativas e, pelo que vemos nas imagens, as ideias pareciam aprimorar-se aos poucos.

Ademais, outros materiais manipuláveis foram adotados para que as crianças conseguissem, pela percepção visual e tátil, comparar o tamanho de objetos. São citados no relato: travesseiros, massinhas de modelar, pecinhas de montar tipo Lego®, entre outros. A Fig. 41 exemplifica uma dessas situações.

Figura 41 – Crianças explorando o tamanho de travesseiros e massinha

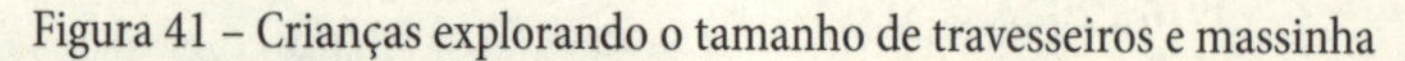

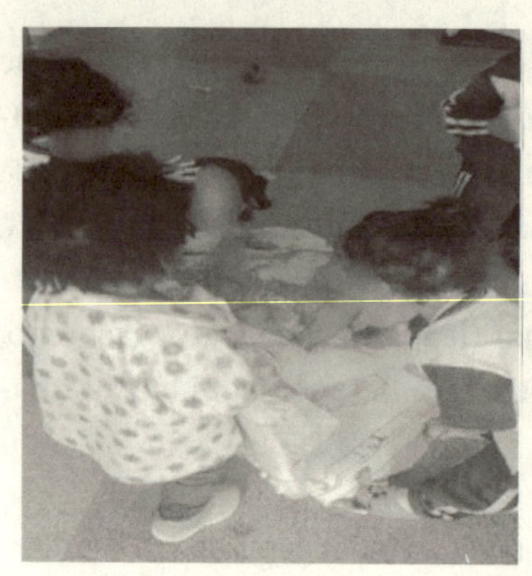

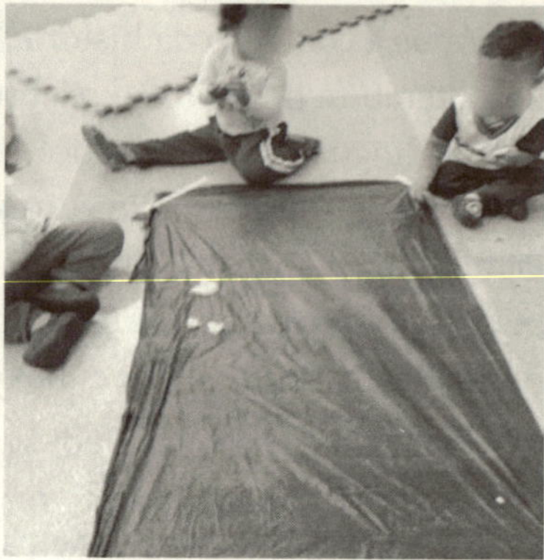

Fonte: Acervo fotográfico das professoras.

Perante o exposto e ilustrado (Fig. 40 e 41), na reflexão expressa por **F. R. F. M.** em seu registro de documentação pedagógica, presente no relato de experiência em questão, foi possível "[...] *perceber que até as crianças que ainda não possuem a oralidade desenvolvida conseguiram participar da vivência, e por meio das suas ações foi possível observar que estávamos atingindo o nosso objetivo*" (2022, p. 7).

No caso em questão, consideramos que as interações dialógico-discursivas da docente com as crianças menores de três anos contribuíram para as inferências que eram realizadas, dado esse que, para Lorenzato (2006), ilustra um caminho "por onde iniciar o trabalho com a Matemática": a partir dos procedimentos mentais básicos (correspondência, comparação, classificação, sequenciação, seriação, inclusão e conservação).

Dito isso, antes de findar a apresentação e análise do primeiro contexto da creche em que essa vivência foi subsidiada, na exploração dos cubos foi ilustrado ainda que, com base em diversas tentativas, surgiam, por parte do grupo, novas ideias de como organizá-los.

Figura 42 – Ordenando cubos de tecido no chão

Fonte: Acervo fotográfico das professoras.

Na Fig. 42, observamos uma tentativa de colocar os cubos de tecido em uma ordem, estabelecendo uma relação do maior ao menor ou do menor ao maior, a depender da forma como "lemos" a representação explorada no chão junto às crianças de um ano e cinco meses a dois anos e cinco meses.

> A ideia de ordem aparece naturalmente na mente das pessoas, desde os primeiros anos de vida, e está fortemente presente no nosso cotidiano. A ordem é uma ideia fundamental para a construção dos conhecimentos matemáticos e para que as crianças tenham sua compreensão facilitada (Lorenzato, 2006, p. 19).

Em síntese, no caso da primeira proposta do contexto da vivência aqui explorada, as situações de interação entre professora-crianças direcionaram olhares para além da contação da história. Sendo assim, ideias de pequeno, médio e grande foram desencadeadas logicamente em situações de exploração de materiais manipuláveis presentes no cotidiano da creche. Algumas crianças fizeram o uso de linguagens que adotam o campo visual e tátil, dado que reforça a tese que temos defendido de que caminhamos, no âmbito da creche, com propostas que usufruam, também, da linguagem corpórea-cinestésica (Smole, 2003) dos bebês e das crianças bem pequenas, sendo essa uma das inteligências múltiplas defendidas para abordagem do conhecimento matemático na Educação Infantil.

O segundo contexto da mesma vivência foi realizado na turma de **E. F. S.**, com crianças de três anos. Diferentemente do que observamos no primeiro contexto, a professora explorou situações de resolução de problemas não convencionais. Como as crianças não conheciam a história e gostaram dela, segundo a professora, houve necessidade de contá-la mais de uma vez. Tal situação é muito natural quando atuamos na Educação Infantil. Contar uma mesma história mais de uma vez auxilia o grupo a lidar com determinados conflitos e resolver situações de ordem psíquica, auxiliando as crianças na organização de seu pensamento e a superarem determinados anseios, medos, etc. (Bettelheim, 2002).

Logo, avaliamos o posicionamento de **E. F. S.** como adequado.

> *A leitura desencadeou uma roda de conversa, em que a professora, junto com as crianças, apresentou o livro, realizando a exploração das diversas figuras de linguagem presentes nas histórias, por exemplo, as onomatopeias, como mostra a figura. Em seguida a professora iniciou um diálogo sobre a situação problema que as personagens estavam enfrentando, fazendo a seguinte pergunta: "Se vocês fossem os cabritos, o que fariam para atravessar a ponte?". As crianças sugeriram várias soluções, como: "Atravessar usando máscaras", "Atravessar se escondendo atrás de uma moita", "Não atravessar" e outras* (Relato de experiência de **E. F. S.** e **F. R. F. M.**, 2022, p. 7-8).

Antes de propor a sequência de atividades previstas, **E. F. S.** incentivou as crianças a representarem os passos dos cabritos ao atravessarem a ponte.

A partir do descrito no relato, compreendemos que a docente analisou, junto com o grupo de crianças, as diversas possibilidades levantadas por elas sobre como auxiliar os cabritos no atravessar da ponte para que estes não fossem "comidos" pelo Ogro.

Figura 43 – Crianças imitando os passos dos cabritos

Fonte: Acervo fotográfico das professoras.

Figura 44 – Imagem do Ogro na ponte em *Cabritos, cabritões*

Fonte: González (2009).

Contudo, no diálogo com as crianças de três anos, **E. F. S.** mencionou que chegaram à conclusão de que os cabritos precisam "*atravessar e não morrer de fome*". A resolução de problemas não convencionais na Educação Infantil cumpre papel fundamental para a organização e fundamentação de relações lógico-matemáticas, isso porque "[...] problematizar situações simples e do cotidiano mostra-se uma prática pedagógica interessante, pois coloca a criança no movimento de pensamento matemático" (Grando; Moreira, 2012, p. 122).

> *Em outro momento, a professora discutiu com as crianças questões sobre medidas a partir da comparação do que é pequeno, médio e grande, realizando o reconto da história, e questionou as crianças: "Quantos cabritos havia na história?". As crianças responderam que eram três, utilizando os dedos das mãos para demonstrar. Em seguida, perguntou: "Os cabritos eram iguais?". As crianças disseram que não, que eram diferentes. Nesse momento, as crianças, para justificar as diferenças, destacaram as características gerais dos cabritos, como chifres e pelagem. Então, as crianças foram convidadas novamente a refletirem sobre as personagens por meio de uma pergunta mais dirigida da professora, que foi: "Os cabritos são do mesmo tamanho?" As crianças responderam que não e classificaram os cabritos em grandão, grande e pequeno* (Relato de experiência de **E. F. S.** e **F. R. F. M.**, 2022, p. 8-9).

Com base no exposto na descrição de como o encaminhamento fora proposto às crianças, **E. F. S.** propiciou discussões sobre medidas. Segundo Moura (1995), aprende-se a medir medindo. Para isso, é preciso oportunizar às crianças, desde a Educação Infantil, momentos em que estas possam ser convidadas para reflexão acerca das propriedades físicas de objetos.

> A noção de medida está intimamente ligada à de grandeza. Nem todas as grandezas são perceptíveis através de procedimentos de comparação. É relativamente fácil comparar dois objetos longos e retilíneos, como, por exemplo, dois cabos de vassoura, dois palitos, dois canudos, dois pedaços de barbante, dois sapatos e duas garrafas. Dependendo da forma do objeto, é possível sobrepô-los, fazendo coincidir uma de suas extremidades para, de forma perceptível, identificar uma qualidade comum a eles que varia, quantitativamente, como pode ser o comprimento. Há situações em que esse quesito não é possível. Como sobrepor os pés de uma mesa? É preciso estabelecer algo comum aos objetos e comparável sem precisar transpô-los uns sobre os outros (Moura; Lorenzato, 2001, p. 21).

Nessa direção, com o foco em contribuir para esse processo, **E. F. S.** organizou situações para que suas crianças pudessem comparar objetos, e, para isso, foi solicitado que recolhessem os da própria sala. "*Com os objetos selecionados, a professora organizou as crianças sentadas no chão em roda, em seguida iniciou uma conversa sobre tamanhos*" (Relato de experiência de **E. F. S.** e **F. R. F. M.**, 2022, p. 9).

Figura 45 – Comparando tamanhos de objetos

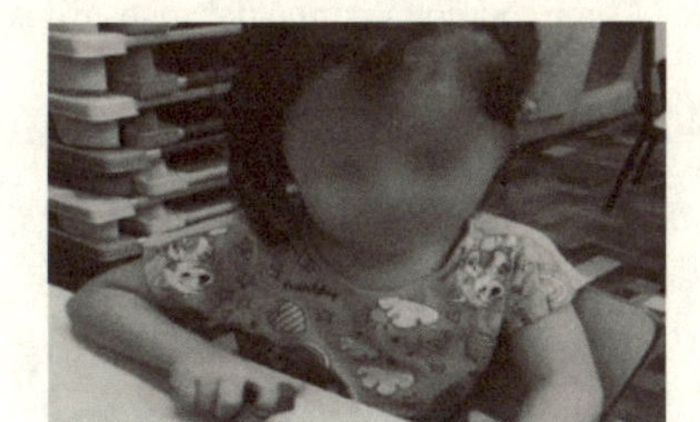

Fonte: Acervo fotográfico das professoras.

As crianças compararam e classificaram objetos que elas próprias selecionaram. Com orientação de **E. F. S.**, foram instruídas para que classificassem o que era pequeno, médio e/ou grande. Nesse momento, foi recorrente a inferência à comparação, principalmente quando o objeto tinha altura visivelmente maior que outro; quando questionadas sobre qual era maior, apontavam com o dedo. O critério de organização e disposição dos objetos para compará-los foi de autonomia da criança – a professora não interferiu nesse processo –, haja vista que, independentemente da ordem em que estavam dispostos, o objetivo era localizar o maior/menor.

Na sequência, as crianças foram convidadas a compararem suas mãos com as mãos dos colegas e seus respectivos sapatos. **E. F. S.** as questionou sobre formas de medir objetos e pessoas, e elas imediatamente verbalizaram que poderiam, para isso, colocar um ao lado do outro, como de fato fizeram.

Figura 46 – Comparando tamanho das mãos e dos sapatos

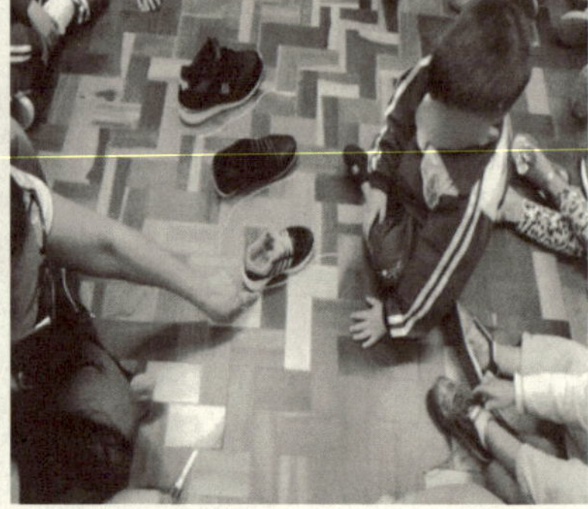

Fonte: Acervo fotográfico das professoras.

A professora, juntamente com as crianças, comparou o tamanho de objetos ao recorrer a um instrumento de unidade de medida não convencional (o barbante).

Ao avaliarem o desenvolvimento dessa vivência, as professoras afirmam:

> *Consideramos que as vivências e experiências propostas, de acordo como foram organizadas, foram relevantes para garantir a autonomia intelectual e contribuir para que as crianças, de maneira significativa, desenvolvessem a linguagem matemática de forma dinâmica, contribuindo também para o despertar do gosto pela leitura. Assim, foi possível observar que as crianças colocaram em prática a autonomia do pensamento e os seus processos mentais, e que, dessa forma, esta vivência desencadeará novas ações sobre as noções de medidas não convencionais* (Relato de experiência de **E. F. S.** e **F. R. F. M.**, 2022, p. 11).

Dado o processo descrito e empreendido pelas professoras **E. F. S.** e **F. R. F. M.**, é possível fazer a inferência de que a experiência em questão buscou contemplar a noção de medida, por meio de direcionamentos que recorreram ao procedimento mental da comparação nos momentos de interação em que se discutiu "pequeno, médio e grande", fazendo referência à história *Cabritos, cabritões*.

Ao reconhecerem, na escrita de seu relato, que existirão ações futuras, essas professoras estão a nos ensinar que, na Educação Infantil, o desenvolvimento da linguagem matemática não se apresenta de modo estanque e, ainda, que esse tipo de trabalho não deve ocorrer de modo esporádico, em momentos pontuais, mas, sim, nas mais diversas vivências, dentro do espaço-tempo da rotina diária das instituições, que é quando a Matemática se faz presente e ganha corpo, espaço, forma e conteúdo.

Noções de probabilidade e estatística

Como vimos até aqui, grande parte da experiência da criança com a Matemática na Educação Infantil parece ocorrer com base em campos numéricos, espaciais e de medida. É crescente o número de estudos que indicam caminhos para uma Educação Matemática na infância, contudo, é preciso transcender as ações para além das já conhecidas: consideramos pertinente olhar também para o campo da Probabilidade e da Estatística (Souza, 2007; Lopes, 2012; Estevam, 2013).

O relato destinado à noção de probabilidade e estatística foi realizado pelas professoras **D. S. G. A. P.** e **M. L. N.** Por tratar-se de uma vivência em parceria, decidiram implementá-la em uma única turma, localizada em Campinas, interior do estado de São Paulo. As vivências foram desenvolvidas com crianças de dois a três anos no ano letivo de 2022. A fundamentação teórica adotada foi baseada em Lorenzato (2006), Azevedo (2012), Lopes (2012) e Ciríaco e Santos (2020).

No transcorrer da experiência, ficou perceptível que usufruíram de diversos espaços da instituição de Educação Infantil e que os recursos adotados também foram diversos: "*livros, objetos manipuláveis e recicláveis, músicas e vídeos. Foram realizadas três vivências, nas quais buscamos trabalhar as noções matemáticas espaciais e possibilidades envolvendo probabilidade e estatística*" (Relato de experiência de **D. S. G. A. P.** e **M. L. N.**, 2022, p. 1).

Nessa direção, salientamos que para a análise preterida centramo-nos nas tarefas ligadas às noções de probabilidade/estatística. O objetivo da proposta consistiu em proporcionar situações cotidianas que estimulam o pensamento matemático em relação à probabilidade e às noções de estatística com base em brincadeiras.

> [...] a exploração de tarefas intencionalmente elaboradas, como um convite a pensar sobre determinadas ideias e conceitos estatísticos, probabilísticos e combinatórios, desperta as crianças para atividades de resolução de problemas, cuja busca de (re) solução pode suscitar expressões e registros que evidenciem a mobilização de raciocínio estocástico (Fonseca; Estevam, 2017, p. 249).

Dito isso, uma primeira tarefa teve como problematização uma prática cotidiana do trabalho com crianças: a escolha do ajudante do dia. No relato, as professoras expõem que a justificativa para tal ação reside no fato de que, cotidianamente, há interesse e participação das crianças em relação à escolha do ajudante, cujos requisitos são, essencialmente, estar na escola e não ter sido o ajudante da sequência anterior.

Lopes (2012) advoga que tarefas de natureza estocástica podem favorecer o desenvolvimento do pensamento probabilístico, o qual refere-se à capacidade de fazer julgamentos ou decisões em ambientes caracterizados por incerteza. Além disso, tais vivências ainda contribuem para que possamos, com base na interação e no diálogo, antecipar e/ou prever eventos a partir dos fatos conhecidos. Esse tipo de pensamento ainda se caracteriza por ter uma carga de inferência sobre dados produzidos coletivamente, como é o caso da vivência explorada por **D. S. G. A. P.** e **M. L. N.**

As professoras destacaram no relato que discutiram com as crianças os critérios para a seleção do ajudante do dia. O critério estabelecido, em negociação com o grupo, foi ter ido, naquele dia, com uma roupa que tinha zíper. Tal vivência transcorreu a partir de um sorteio entre aquelas crianças que se encaixavam no critério para ser elegível ao "cargo" de ajudante.

> *Após a definição do critério, algumas "dicas" apontavam para o possível ajudante, e era encantador observar quando as crianças percebiam que tinham chances de ocupar o cargo por estarem dentro do critério apresentado, ao mesmo tempo que outras, ao perceberem que deixavam de ser "elegíveis", buscavam alternativas para voltar ao processo: "tia Dani, eu não estou com blusa de zíper, mas eu tenho [uma] na mochila", e corriam para a mochila para tentar colocar a blusa com zíper* (Relato de experiência de **D. S. G. A. P.** e **M. L. N.**, 2022, p. 5).

Figura 47 – Interações no momento do sorteio do ajudante do dia

Fonte: Acervo fotográfico das professoras.

Como uma das atividades permanentes da Educação Infantil, a escolha do "ajudante do dia", na percepção das professoras, "[...] *pode vir a proporcionar o desenvolvimento de diversas habilidades e estimular que demonstrem os conhecimentos já presentes na turma, além de permitir novos aprendizados, inclusive noções matemáticas*" (Relato de experiência de **D. S. G. A. P.** e **M. L. N.**, 2022, p. 5).

Ao darem sequência ao trabalho com noções de estatística com as crianças, para além do princípio do "provável" na situação do sorteio, as professoras abordaram um assunto que perceberam ser de interesse das crianças: as frutas. Recorreram, então, à contação de histórias e canções como forma de introdução/ problematização inicial, a exemplo da música "Rock das frutas".

Figura 48 – "Rock das frutas"

Fonte: YouTube.

Figura 49 – QR Code de "Rock das frutas"

Fonte: YouTube.[16]

Nessa vivência, as professoras incentivaram a participação das famílias ao convidarem-nas para "[...] *conversar com suas crianças e juntas decidirem qual fruta preferida da criança seria levada para a escola, e, com isso, realizamos um piquenique de frutas em nosso parque*" (Relato de experiência de **D. S. G. A. P. e M. L. N.**, 2022, p. 5).

[16] Disponível em: https://www.youtube.com/watch?v=LM_G8Stwm50. Acesso em: 30 ago. 2024.

Figura 50 – Piquenique no pátio da instituição

Fonte: Acervo fotográfico das professoras.

No piquenique, foi possível dialogar com o grupo e fazer inferências acerca dos sentidos do tato, olfato e paladar, uma vez que experimentaram as frutas, tateá-las e sentir seus cheiros e texturas. Nesse diálogo, uma ação importante foi sobre aspectos que envolveram ideias de "diferenças" e "semelhanças", ao classificá-las por cores, tamanhos e formatos (arrendadas, compridas, curtas, etc.).

A partir da experiência promotora do desencadeamento de um ciclo de investigação com as crianças, para descobrir qual a fruta preferida da turma, após o piquenique, em outro dia, **D. S. G. A. P.** e **M. L. N.** implementaram, de modo coletivo, a produção dos dados com a preocupação de esta ser compreensível à faixa etária (Ciríaco; Santos, 2020).

Para que pudessem registrar as opiniões, apoiadas por registros pictóricos fixados na lousa, cada criança votou em uma das frutas disponíveis (abacaxi, banana, kiwi, maçã, melancia, morango e tomate). Cumpre salientar que essas frutas foram objetos das reflexões anteriores e estavam disponíveis no piquenique, ou seja, o grupo de crianças tinha referência e parâmetros para a votação inicial.

Figura 51 – Votação e gráfico das frutas prediletas da turma

Fonte: Acervo fotográfico das professoras.

A partir da constatação de que houve empate, as professoras foram convidadas, quando do momento da socialização desta vivência no GEOOM/UFSCar, a realizarem o segundo turno das frutas. Para guiar a decisão das crianças em relação a que fruta votar entre as empatadas, em ações futuras, indicamos trata-se de uma pesquisa sobre os benefícios da melancia e do morango. Ainda cumpre salientar que teria um peso importante nesse processo saber qual fruta a maçã (3ª colocada) viria a apoiar, tal como ocorre em uma eleição.

Para Lopes (2012), ao explorar processos investigativos, como a pesquisa de opinião, a professora oportuniza às crianças possibilidades para que passem a exercitar a escolha adequada de ferramentas estatísticas.

Julgamos pertinente a realização de propostas como a que indicamos às professoras, porque, assim como defende Smole (2000), uma proposta de Matemática para a Educação Infantil precisa incorporar contextos do mundo real. No mundo real, há peso na decisão de votação saber quem o terceiro colocado irá apoiar, como também saber quais são as vantagens de votar em um candidato e/ou em outro. Nesse caso, soou relevante apresentar os benefícios de cada fruta à saúde e os tipos de receitas possíveis com ingredientes que incluem as frutas empatadas.

Em uma proposta dessa natureza, as crianças que votam em uma determinada fruta poderiam, junto às suas professoras e famílias (como ocorreu no início da vivência), reunir informações para apresentar ao grupo maior quando do momento da votação. A partir desses dados, pesariam as vantagens e vitaminas de uma ou de outra fruta.

Ao avaliarem a vivência, as professoras analisam:

> *Durante a realização das atividades, percebemos que outros conceitos foram apresentados, indo além do planejado inicialmente. Com isso, podemos afirmar que a experiência superou nossas expectativas em relação à receptividade e participação das crianças, diante do interesse contínuo e do grande aprendizado que todos tiveram, incluindo as autoras deste relato de experiência* (Relato de experiência de **D. S. G. A. P.** e **M. L. N.**, 2022, p. 7).

Em suma, nesse tipo de direcionamento de prática na Educação Infantil, o trabalho com projetos seria o mais adequado, uma vez que, desse ponto, surgiriam uma série de vivências envolvendo não só a linguagem matemática, como também muitas outras linguagens. Esse dado indica que não podemos, no trabalho com crianças da referida faixa etária, fragmentar a Matemática de modo estanque, e que não existe um "dia de aula de". A linguagem matemática, assim como as demais, está presente desde as atividades mais recorrentes da rotina, como na escolha do ajudante do dia, até as mais complexas que exigirão argumentos no poder de decisão, como no caso da votação para a predileção do grupo.

ATO 3

A EDUCAÇÃO INFANTIL QUE QUEREMOS

Educação Infantil como espaço pedagógico intencional

Toda pessoa adulta que trabalha na creche está em relação com as crianças, seja com as crianças pequenininhas individualmente, seja com os grupos infantis. Trata-se de uma relação sui generis *orientada não somente segundo as funções que o adulto desenvolve na creche, mas que tem uma característica forte e irrenunciável: a de ser pedagógica, isto é, de ser voltada para fazer a criança crescer em um conjunto de oportunidade, de monitoramento de seu fazer, em práticas nas quais a característica é o estímulo e a condução do desenvolvimento.*

(Becchi *et al.*, 2012, p. 13-14)

Ao tomarmos como base a epígrafe que abre a discussão deste capítulo, entendemos que é função da pessoa adulta-professora de Educação Infantil, particularmente da creche, organizar suas ações na perspectiva de contribuir com o desenvolvimento humano. Para tanto, é preciso reconhecer que podem existir diversas concepções do ser bebê e criança e do viver a infância que regem a constituição dessa pedagogia. Pedagogia aqui compreendida não como um curso de formação, mas, sim, enquanto Ciência da Educação, como um conjunto de fundamentos educacionais que respaldam uma prática de ensino, o que está, também, relacionado com a formação inicial de professores(as).

No contexto prático da atuação docente, a creche é, antes de tudo, um espaço de crescimento formativo para adultos, para que possa vir a ser um lugar pedagógico ao bebê e à criança bem pequena. Assim, uma creche considerada "boa", tal como explicitam Becchi *et al.* (2012), pode ser avaliada a partir do grau de consciência que os adultos têm sobre o que fazem ali. Para as crianças, a pessoa adulta da creche é educador(a), guia, modelo e, sobretudo, alguém que lhes apoiará na construção do conhecimento.

Dito isso, os(as) profissionais da creche devem dispor de uma gama de experiências e conhecimentos para que as crianças se apoiem neles(as) em resposta às suas necessidades, em prol de seu desenvolvimento e aprendizagem.

Neste capítulo, apresentaremos na primeira seção uma breve revisão bibliográfica acerca da necessidade de uma formação específica de professores(as) para atuarem na Educação Infantil. Abordaremos, nos próximos itens, a formação de professores(as) pautada nas ideias de algumas autoras e autores que consideramos fundamentais, bem como os conhecimentos necessários à docência, tendo em vista as especificidades do trabalho pedagógico intencional com o bebê e a criança bem pequena. A defesa do atendimento à infância desejado, no ato 3, "A Educação Infantil que queremos", coloca em destaque a formação desejável para que ocorra a promoção de vivências com a linguagem matemática, como descrevemos no ato 2, capítulo anterior.

Educação Infantil como um espaço de atuação pedagógica: qual o(a) profissional?

Discutimos aqui o papel da Educação Infantil como um espaço de ampliação dos conhecimentos das crianças e a necessidade de uma formação específica para os(as) professores(as) que atuam nesse segmento educacional. A preocupação com as práticas pedagógicas desenvolvidas no seio das instituições de educação para a infância e a função da creche e da pré-escola nunca foram tão discutidas quanto nos tempos atuais. Segundo Lorenzato (2006, p. 7), isso se explica porque "[...] nos últimos anos, em virtude do ingresso cada vez maior da mão-de-obra feminina no mercado de trabalho, o papel dos pais na educação dos filhos tem sofrido mudanças; grandes transformações têm ocorrido na sociedade [...]", além dos avanços tecnológicos que levaram a educação a novos rumos e as novas descobertas sobre o desenvolvimento infantil que têm exigido uma concepção de educação diferente a cada dia (Lorenzato, 2006).

Assim, apresentamos uma parte da pesquisa bibliográfica que compõe o referencial teórico adotado para o tratamento das questões relativas à formação e aos conhecimentos do(a) professor(a) de Educação Infantil, bem como a sua finalidade, seu contexto como um espaço pedagógico, as políticas públicas e a construção de seu currículo.

> No Brasil, a partir da década de 1970, houve uma intensificação da luta por uma maior valorização da educação pré-escolar e, como consequência, aumentaram estudos e pesquisas, novas publicações aconteceram, muitas escolas surgiram, congressos e encontros de estudo foram realizados, governos começaram a investir verbas. Além disso, muitos pais deixaram de conceber a pré-escola apenas como um lugar onde a criança pudesse estar enquanto eles trabalhassem ou como um local adequado para que ela tivesse uma preparação cognitiva que garantisse seu sucesso nas séries iniciais do ensino fundamental. Por parte dos educadores, muitos deixaram de acreditar que a criança é tanto mais inteligente quanto mais cedo ela aprender a ler e a escrever (Lorenzato, 2006, p. 7).

A Educação Infantil ganhou forças quando reconhecida como primeira etapa da educação básica pela Lei de Diretrizes e Bases da Educação Nacional - LDB n.º 9.394/96 (Brasil, 1996), e tem como finalidade favorecer o desenvolvimento da criança no aspecto social, físico, psíquico, intelectual e motor, conforme consta no Artigo 29 da lei.

É necessário um amplo conjunto de práticas pedagógicas que envolvam os(a) professores(as), diretores(as) e orientadores(as) pedagógicos(as) das instituições de Educação Infantil para a construção de um projeto político pedagógico, bem como para a realização das atividades previstas para essa modalidade. Nesse contexto, a avaliação da criança na Educação Infantil "[...] far-se-á mediante acompanhamento e registro de seu desenvolvimento [...]" (Brasil, 1996, art. 31), não tendo o objetivo de promoção, muito menos de acesso, ao ensino fundamental.

A organização de uma política para a Educação Infantil expressa um meio pelo qual o Estado assume a responsabilidade pelo direito da criança de zero a cinco anos e onze meses[17] de frequentar a instituição infantil. De acordo com Lorenzato (2008), essa foi uma das grandes contribuições para a educação das crianças, pois essa organização foi o surgimento de uma nova concepção de educação da infância dada pela Constituição Federal (Brasil, 1988), que explica, no Artigo 208, ser dever do Estado a garantia do atendimento em creches e pré-escolas às crianças. Nesse sentido, a Educação Infantil deixa de ser privilégio de poucos e passa a ser um direito de todos.

Desse modo, "[...] as orientações e normatizações oficiais implicam em importantes indicadores de significados atribuídos à instituição e ao trabalho nela desenvolvido, mesmo quando não se efetivam ou não modificam diretamente a realidade, tal como é recorrente na história da educação brasileira" (Silva, 2009, p. 4).

A maneira de organizar os modos de funcionamento das instituições, nas quais se articulam as expectativas e definições no que se refere aos papéis profissionais a serem desenvolvidos, às posturas que serão tomadas e às atividades do cotidiano, incorpora, ainda, os diferentes significados e funções institucionais "[...] que são engendradas nas distintas fases do movimento socioeconômico-cultural mais amplo da sociedade [...]" (Silva, 2009, p. 4).

Um resgate histórico das instituições de Educação Infantil se faz importante para que possamos compreender o trabalho docente em suas formas atuais, quando se parte da concepção do magistério como uma construção social, uma vez que a história não pode ser vista como mero passado, e sim como algo que se atualiza no presente remetendo-se ao futuro (Silva, 2009). Nesse sentido, a maneira como o trabalho pedagógico se desenvolveu historicamente delimitou as características do tipo de interação adulto-criança, constituindo-se em saberes e práticas determinantes no perfil dos(a) professores(as) que atuam com bebês e crianças bem pequenas, assim como em atuações e propostas curriculares que foram desenvolvidas até os tempos atuais. A creche é, certamente, um lugar para educar, cuidar e brincar, e sua organização torna-se fundamental "[...] não somente para responder

---

[17] Atualmente, com a ampliação do ensino fundamental para nove anos, a partir da Lei n.º 11.274/2016, a Educação Infantil é destinada ao trabalho com crianças nesta faixa etária.

às necessidades do bem-estar da criança e às exigências de bom gosto dos adultos, mas para contribuir de forma que em tal relação haja uma correspondência entre o que se oferece, o controle e a satisfação da demanda e o respeito dos modos de ser e de realizar-se criança" (Becchi *et al.*, 2012, p. 15).

Sobre o contexto histórico da educação para as crianças menores de seis anos, Kuhlmann Jr. (2000, p. 6) considera:

> Na quarta última parte dos anos 1900, a educação infantil brasileira vive intensas transformações. É durante o regime militar, que tantos prejuízos trouxe para a sociedade e para a educação brasileiras, que se inicia esta nova fase, que terá seus marcos de consolidação nas definições da Constituição de 1988 e na tardia Lei de Diretrizes e Bases da Educação Nacional, de 1996. A legislação nacional passa a reconhecer que as creches e pré-escolas, para as crianças de 0 a 6 anos, são parte do sistema educacional, primeira etapa da educação básica.

Segundo o autor, ainda na década de 1990, aparecem formulações sobre a Educação Infantil que passam a enfatizar a importância do binômio "cuidar e educar" nas instituições que atendiam às crianças pequenas (Campos, 1994; Rosemberg; Campos, 2004). Nesse contexto, entende-se que "[...] se o cuidar também faz parte da educação da criança na escola fundamental (Carvalho, 1999), na educação infantil, que não é obrigatória, esse aspecto ganha uma dimensão mais preponderante quanto menor a criança [...]" (Kuhlmann Jr., 2000, p. 13). O direito à educação e ao cuidado para as crianças menores de seis anos, bem como a afirmação do binômio "cuidar e educar" como funções essenciais e indissociáveis nesse atendimento, foram, pela primeira vez, reconhecidos pela legislação em nosso país por meio da Constituição de 1988. Posteriormente, a LDB n.º 9.394/96 veio confirmar a função educativa das instituições de Educação Infantil e regulamentar seu funcionamento.

Para Kramer e Leite (1996), a Educação Infantil, como um direito da criança, configura uma grande conquista entre longas e "duras" lutas na história de nossa sociedade. Segundo as autoras Kramer e Leite (1996), essa história começa em 1975, ano em que ocorreu o 1º Diagnóstico Nacional da Educação Pré-escolar, realizado pelo Ministério da Educação (MEC), passando por 1979, que foi o Ano Internacional da Criança, pela Constituição Federal de 1988, pelo Estatuto da Criança e do Adolescente de 1990, até o grande trunfo da Educação Infantil: a LDB de 1996, que a reconhece como a primeira etapa da educação básica. Trata-se de uma conquista de "[...] uma visão das crianças enquanto cidadãos de direito, inclusive o direito à Educação [...]" (Silva, 2009, p. 5).

Sobre o impacto da LDB para a formação docente, Cerisara (2002, p. 329) explica:

> Com relação às profissionais da educação infantil, a lei proclama ainda que todas deverão até o final da década da educação ter formação em nível superior, podendo ser aceita formação em nível médio, na modalidade normal. Ou seja, até o ano de 2007 todas as profissionais que atuam diretamente com crianças em creches e pré-escolas, sejam elas denominadas auxiliares de sala, pajens, auxiliares do desenvolvimento infantil, ou tenham qualquer outra denominação, passarão a ser consideradas professoras e deverão ter formação específica na área. É importante ressaltar o desafio que esta deliberação coloca uma vez que muitas dessas profissionais não possuem sequer o ensino fundamental.

No que se refere ao *lócus* dessa formação, a LDB definiu que ela se dará em cursos de licenciatura, de graduação plena em universidades e em institutos superiores de educação (Cerisara, 2002). De acordo com Cerisara (2002), foi essa lei a responsável pela criação da figura dos Institutos Superiores de Educação e dos cursos Normais Superiores.

Nessa perspectiva, se, por um lado, "[...] esta deliberação sobre a necessidade de formação específica em nível superior das professoras de educação infantil pode ser vista como um avanço na direção da profissionalização da área, por outro, a criação dos institutos superiores de educação revela que este avanço é relativo [...]" (Cerisara, 2002, p. 329).

A formação específica de professores(as) para a Educação Infantil revela uma preocupação com o atendimento da criança. Assim, quando pensamos no direito à educação, pensamos na qualidade da educação, em seu currículo, nas práticas educativas desenvolvidas com as crianças, no perfil do(a) professor(a) de Educação Infantil, entre outros aspectos burocráticos e educacionais que interferem na educação destinada à infância.

É importante ressaltar que, de maneira geral, com relação à formação de professores(as), têm sido vários os investimentos do governo brasileiro no sentido de implementar um projeto de reforma educacional "[...] por meio de aprovações pontuais de pareceres e resoluções, além de decretos presidenciais [...]" (Cerisara, 2002, p. 332). Nesse contexto, "No quadro das políticas educacionais neoliberais e das reformas educativas, a educação constitui-se em elemento facilitador importante dos processos de acumulação capitalista e, em decorrência, a formação de professores ganha importância estratégica para a realização dessas reformas no âmbito da escola e da educação básica" (Freitas, 1999, p. 18).

Ao que inclui Cerisara (2002, p. 332):

> Neste sentido é possível fazer-se o mesmo movimento, passando dos objetivos proclamados aos objetivos reais presentes em decretos, pareceres e resoluções encaminhados após a LDB nº 9.394/96. Uma das questões mais polêmicas, objeto de diversos encaminhamentos, refere-se à criação tanto dos institutos superiores de educação, como do curso normal superior, considerado o *locus* preferencial para a formação das professoras de educação infantil e das quatro primeiras séries do ensino fundamental.

Com a proclamação, na LDB, da necessidade de todos(as) os(as) professores(as), tanto de Educação Infantil quanto dos anos iniciais do ensino fundamental, terem uma formação específica e em nível superior, nos outros pareceres encaminhados pelo Conselho Nacional de Educação (CNE), fica claro que, dentro das reformas propostas para a educação pelo governo, a formação docente, que de acordo com Cerisara (2002) tem sido realizada historicamente em cursos de Pedagogia das universidades, está ameaçada, sendo objeto inclusive de decreto presidencial, que explicita no Artigo 3º, no parágrafo 2º como "a formação de professores se fará exclusivamente nos cursos normais superiores". Nesse período, a ameaça ao *lócus* formativo se deu pela possibilidade dessa formação ocorrer em cursos normais, ainda que de nível superior. Isso implicaria a redução da dimensão teórico-filosófica dos fundamentos educacionais, limitando-a a um currículo puramente prático, ou seja, com dimensões de uma formação mais técnica do que epistêmica.

Felizmente essa situação sofreu alterações nos últimos anos, e a formação de professores(as) de Educação Infantil e dos anos iniciais do ensino fundamental voltou a ser realizada nos cursos de Pedagogia em todo o país. Porém, é preciso esclarecer que ainda temos, no que se refere aos profissionais da Educação Infantil, um grande desafio, conforme afirma Cerisara (2002, p. 334):

> Para a professora de educação infantil existe um outro aspecto que agrava a situação: a falta de ênfase quanto à especificidade da professora de educação infantil nos documentos e nas resoluções analisados, como se esta pudesse ter como base a docência nas séries iniciais do ensino fundamental. Falar em professora de educação infantil é diferente de falar em professora de séries iniciais e isso precisa ser explicitado para que as especificidades do trabalho das professoras com as crianças de 0 a 6 anos em instituições coletivas públicas de educação e cuidado sejam respeitadas e garantidas.

A diferença crucial entre ser professor(a) de Educação Infantil e dos anos iniciais do ensino fundamental fica bem ilustrada nas palavras de Rocha (1999, p. 62):

> Enquanto a escola se coloca como espaço privilegiado para o domínio dos conhecimentos básicos, as instituições de educação infantil se põem sobretudo com fins de complementaridade à educação da família. Portanto, enquanto a escola tem como sujeito o aluno e como o objeto fundamental o ensino nas diferentes áreas através da aula; a creche e a pré-escola têm como objeto as relações educativas travadas no espaço de convívio coletivo que tem como sujeito a criança de 0 a 6 anos de idade (ou até o momento que entra na escola).

Nesse contexto, baseado nas determinações da Lei de Diretrizes e Bases n.º 9.394/96, "[...] o currículo da educação infantil terá orientação nacional [...], a ser complementada no âmbito de cada Estado ou Município [...] cabendo a cada instituição de educação infantil a montagem de sua proposta curricular" (Artigo 30 § 1º). Dessa maneira, acreditamos ser preciso desmistificar a Educação Infantil, em particular a pré-escola, como um local em que as crianças são admitidas apenas para terem os cuidados com a higiene e a alimentação, e como uma forma de evitar um possível fracasso no ensino fundamental, já que não é função da Educação Infantil "preparar" a criança para a escola fundamental.

> As peculiaridades da criança nos primeiros anos de vida, antes de ingressar na escola fundamental, enquanto ainda não é «aluno» mas um sujeito-criança em constituição, exige pensar em objetivos que contemplem também as dimensões de cuidado e outras formas de manifestação e inserção social próprias deste momento da vida. Estes objetivos não são antagônicos aos do ensino fundamental, principalmente se considerarmos as crianças de 7 a 10 anos alunos das séries iniciais. Considero, inclusive, que estes objetivos (e muitos outros definidos para a creche, a pré-escola e o ensino fundamental) tenham elos comuns. Ousaria até dizer que uma mesma orientação nesses níveis poderia favorecer o rompimento com parâmetros pedagógicos estabelecidos apenas a partir de uma «infância em situação escolar», incorporando parâmetros resultantes das novas formas de inserção social da criança em instituições educativas tais como a creche e outras modalidades nesta faixa etária. Alguns exemplos destes novos parâmetros seriam o fortalecimento da relação com a família na gestão e no projeto pedagógico, bem como a ênfase nos âmbitos de formação relacionados à expressão e às artes (Rocha, 2000, p. 6).

Com relação às normatizações para a constituição de um currículo para a Educação Infantil no contexto educacional brasileiro, o Conselho Nacional de Educação (CNE) definiu as Diretrizes Curriculares Nacionais para a Educação Infantil - DCNEI (Brasil, 2010), que têm um caráter mandatório e orientam a organização das instituições que se dedicam ao atendimento das crianças de zero a cinco anos e onze meses. Buscando atender às especificidades do bebê e da criança, essas diretrizes estabeleceram novas exigências para o atendimento à infância, em particular, revelando os aspectos que se referem às orientações curriculares e aos processos de elaboração de um projeto político pedagógico. As DCNEI ainda estabelecem os princípios éticos, políticos e estéticos necessários para fundamentar as propostas pedagógicas das instituições de Educação Infantil.

> Os princípios instituídos pelas Diretrizes Curriculares para a Educação Infantil ainda não são, na maioria das vezes, considerados, quando da elaboração de propostas pedagógicas para essa modalidade de ensino. Na prática, revela-se certo desconhecimento desse documento e seu caráter mandatório, seja por parte dos órgãos municipais, seja por parte dos educadores. Isso demonstra que não basta a legalização de tais princípios, é necessária sua legitimação (Araújo, 2010, p. 140-141).

Considerando tal constatação, cumpre salientar que o documento "Política Nacional de Educação Infantil: pelo direito das crianças de 0 a 6 anos à Educação", que foi apresentado em 2006 pela Secretaria de Educação Básica (SEB) do MEC (Brasil, 1994), por meio da Coordenação Geral de Educação Infantil (COEDI), do Departamento de Políticas de Educação Infantil e do Ensino Fundamental (DPE), foi um avanço significativo para as Diretrizes da Política Nacional para a Educação Infantil, das quais consideramos importante lembrar que

> A Educação e o cuidado das crianças de 0 a 6 anos são de responsabilidade do setor educacional;
> A Educação Infantil deve pautar-se pela indissociabilidade entre o cuidado e a educação;
> A Educação Infantil tem função diferenciada e complementar à ação da família, o que implica uma profunda, permanente e articulada comunicação entre elas;
> É dever do Estado, direito da criança e opção da família o atendimento gratuito em instituições de Educação Infantil às crianças de 0 a 6 anos (Brasil, 2006).

De acordo com Araújo (2010), tal documento representou um marco primordial nas políticas públicas de educação para a infância.

O que falta, segundo a autora, seria "[...] trilhar, igualmente, o caminho entre a legalidade e a legitimação. O que nos parece claro é a defesa de uma função pedagógica na Educação Infantil e a solicitação de uma nova prática por parte dos profissionais envolvidos [...]" (Araújo, 2010, p. 141).

Sobre a formação dos(as) professores(as) que atuam diretamente com as crianças nas creches e pré-escolas, é preciso questionar o tipo de formação acadêmica do(a) profissional, uma vez que

> [...] vê-se uma avalanche de cursos chamados emergenciais, em sua grande maioria pagos, e que são justificados pelo prazo estabelecido pela LDB, de dez anos desde a sua publicação, para que todas tenham formação específica em nível superior, podendo ser aceito magistério, em nível médio. Mais uma vez o governo delega a essas professoras a responsabilidade por sua formação, sem assumir como sua a tarefa de fornecer as condições objetivas para que elas se profissionalizem (Cerisara, 2002, p. 334-335).

Entendemos que essa "fragilizada" formação acadêmica pode comprometer significativamente o papel da Educação Infantil, porque o caráter das propostas pedagógicas previstas na educação dos bebês e das crianças pequenas tem em sua essência a ludicidade: eles aprendem brincando. Esse tem sido um dos principais desafios para a formação de professores(a) para a infância no contexto brasileiro, uma vez que os cursos de Pedagogia, de modo geral, têm formado professores(as) com um amplo campo de atuação. Os(as) estudantes do curso, em três ou quatro anos, saem habilitados em diversos segmentos, tais como: Educação Infantil, anos iniciais do ensino fundamental, Educação Especial, Educação de Jovens e Adultos, Gestão Escolar, entre outros. Propomos uma mudança, um movimento por uma pedagogia para a infância, por professores(as) que tenham uma formação específica para atuar com crianças menores de seis anos.

> *A Habilitação integrada por Magistério de Educação Infantil e Séries Iniciais do Ensino Fundamental cria o viés da multiplicação de fundamentos e metodologias de ensino, em campos disciplinares de Matemática, Ciências, Português, História, Geografia, Educação*

> *Física e Artes, o que gera um modelo de curso que reproduz práticas do Ensino Fundamental.* A ausência de conteúdos sobre o trabalho na creche evidencia *a falta de especificidade da Educação Infantil, reitera a antecipação da escolaridade e o descuido com pressupostos de qualidade, como a integração entre o cuidado e a educação.* Os cursos com amplo espectro de formação, para a faixa etária de 0 a 10 anos, perdem especificidade, não dando conta dos conteúdos tanto da formação do(a) professor(a) quanto da criança, para uma faixa etária tão ampla (Kishimoto, 2005, p. 183-184, grifos nossos).

Sobre essa questão, em uma análise dos cursos de Pedagogia e seus impactos para a formação do(a) professor(a) de Educação Infantil no Brasil, Kishimoto (2005, p. 182) salienta que

> A modalidade preferida de organização curricular adotada pelos cursos, até para propor um leque maior de ofertas, opção problemática, mas de interesse econômico, é a de um bloco de formação comum, seguido de pelo menos duas habilitações. A formação básica contempla de 58% a 70% da carga horária do curso, 10% de estágio e, as habilitações, de 10% a 16%. Em algumas instituições, a estrutura curricular, inchada pelo conjunto de disciplinas de formação do pedagogo, prima pela falta de especificidade, com disciplinas de formação geral repetidas nos quatro semestres; outras, apresentam uma sucessão de fatos lineares que se iniciam nos primórdios da civilização até os tempos atuais, sem foco na Pedagogia da Infância e nas construções/desconstruções de cada tempo.

Para a autora, o desenvolvimento e a aprendizagem, tratados de forma teórica e positivista no processo de formação inicial dos(as) professores(as), não valorizam o contexto da criança até os seis anos de idade, "[...] não focam seus saberes, as questões de subjetividade, pluralidade e diversidade culturais, gênero, classe social e etnia [...]" (Kishimoto, 2005, p. 183).

Para que possamos constituir, no âmbito da docência na creche, a relevância dos fundamentos que respaldam a prática pedagógica intencional nesse campo, são necessárias ideias orientadoras para a atuação com crianças de zero a três anos. Para esse fim, são urgentes mediações reflexivas acerca do que fazemos e do porquê o fazemos. Infelizmente,

> [...] a pedagogia da creche ignora, muito frequentemente, o amadurecimento dos processos de metaconhecimento em sentido lato; não se vale da verbalização para encaminhá-los e formá-los, evita digressões no mundo do possível e do hipotético, como se a criança, ainda que muito pequena, não fosse capaz disso. É esse um outro aspecto que distingue uma creche razoável de uma creche limitada: o espaço consentido para a conquista da reflexão e do sentido do possível pela criança, competência que na vida familiar - muito densa de variáveis impossíveis de serem controladas - é difícil que ela concretize (Becchi, 2012, p. 17).

Em defesa do ato reflexivo da pessoa adulta na creche, compreendemos que a intencionalidade docente reside na concepção de que na rotina diária do trabalho efetivado nesse espaço-tempo é que se encontram situações promotoras de desenvolvimento e, consequentemente, aprendizagem. Nessa perspectiva, o(a) professor(a) de Educação Infantil representa o(a) profissional que deve ter o "saber da polivalência", entendido por nós como a capacidade de ser criativo, de possuir uma cultura lúdico-erudita para fazer com que o bebê e a criança explorem as diferentes linguagens nas vivências propostas, sem especificamente "dar aulas". O saber da polivalência exige do(a) professor(a), na nossa interpretação, uma prática pedagógica que envolva as crianças em situações que possam, de alguma forma, ampliar os conhecimentos por meio de atividades lúdicas, exploração do ambiente e liberdade de expressão.

Dessa maneira, para que o saber da polivalência seja alcançado, a nosso ver, os professores precisariam

> [...] ter uma perspectiva frente à Educação Infantil que valorize a infância da criança de zero a seis anos. Pensar num currículo para a Educação Infantil que contemple 'o que' ensinar envolve a consciência de ampliar nas crianças suas competências, linguagens, cognição e socialização. É lugar da contraposição científica, artística, cultural e política do conhecimento (Azevedo, 2007, p. 162).

Diante dessa expectativa, cabe-nos questionar: como desempenhar bem a função de professor(a) de Educação Infantil?

A resposta para tal questão, ainda não temos, mas acreditamos existir alguns princípios que podem vir a auxiliar o(a) professor(a) a desempenhar melhor sua função, sendo eles: a) formação adequada e específica para a infância; b) reflexão sobre a prática; c) conhecimento das especificidades das linguagens que devem ser exploradas com o bebê, a criança bem pequena e a criança pequena, dentre elas as noções de natureza matemática; e d) diminuição da distância entre creche e pré-escola, tanto em relação aos processos quanto em relação aos conhecimentos e técnicas recorridos para a exploração de vivências coletivas e/ou individuais em um momento estratégico da formação humana: a infância.

Desse modo, existem ainda algumas peculiaridades da pedagogia para a infância que merecem destaque:

> Na educação das crianças menores de 6 anos em creches e pré-escolas, as relações culturais, sociais e familiares têm uma dimensão ainda maior no ato pedagógico. Apesar do compromisso com um "resultado escolar" que a escola prioriza e que, em geral, resulta numa padronização, estão em jogo na Educação Infantil as garantias dos direitos das crianças ao bem-estar, à expressão, ao movimento, à segurança, à brincadeira, à natureza, e também ao conhecimento produzido e a produzir. Se tomar a escola como local privilegiado para a formação significa partir do "*conhecimento do mais sistemático e desenvolvido*" para entender "*o menos sistemático e desenvolvido*" (Freitas, 1995, p. 38), fazer o movimento inverso pode revelar características e peculiaridades de outros contextos educativos em processo de constituição. Esta convicção me leva a compreender que cada uma destas instituições (escola e pré-escola) detêm especificidades próprias relacionadas a sua história, organização, finalidade, etc., que merecem abordagens específicas (Rocha, 2000, p. 8, grifos da autora).

Entendemos essas questões apontadas pela autora como fundamentais para a formação de professores(as). Assim, ser um(a) profissional de Educação Infantil exige um modo de pensar, uma metodologia de ensino e uma base de conhecimentos diferentes dos do(a) professor(a) que atua no ensino fundamental. Defendemos, nesse sentido, uma formação específica para a atuação com bebês e crianças menores de seis anos.

Kishimoto (2005) enfatiza que uma Educação Infantil de qualidade deve eliminar o estresse, garantindo o bem-estar, o brincar e a ação ativa da criança (Banks; Mayes, 2001), mas, segundo a autora, na prática, as brincadeiras restringem-se ao "[...] jogo didático ou espontaneísta e prevalecem condições estruturais inadequadas relacionadas à proporção adulto-criança, espaço físico e ausência do mundo de interações, que tornam o ambiente educativo inadequado [...]" (Kishimoto, 2005, p. 185).

> Faltam Pedagogias que dão voz às crianças, que utilizam as observações do cotidiano, as histórias de vidas nas quais crianças, pais, professores(as) e a comunidade, como protagonistas, assumem o brincar como eixo entre o passado e o presente, entre a casa e a unidade infantil, entre o imaginário e a realidade, constituindo-se em uma rede que estimula a comunicação, a aprendizagem e o desenvolvimento infantil (Kishimoto, 2005, p. 185).

Para Rocha (2000, p. 8, grifos da autora),

> Apresentando componentes de interesse comum, esses espaços educativos relacionados à *educação* e a *criança*, independentemente de sua limitação etária (escolar ou não), necessitam, a meu ver, estabelecer um maior diálogo, que pode inclusive potencializar as influências no sentido inverso do que tem se dado tradicionalmente, ou seja, da educação infantil para a escola, já que o aluno é antes de tudo a criança em suas múltiplas dimensões.

A predominância dada à escola nos estudos de educação no Brasil indica a necessidade de focar os contextos não escolares, em particular a Educação Infantil, "[...] ainda como forma de fortalecimento e definição de um campo curricular, sem perder de vista, contudo, esses relacionamentos mais genéricos, pois o estudo de uma Pedagogia da Educação Infantil não pode desvincular-se do âmbito ao qual pertence uma Pedagogia para a Infância [...]" (Rocha, 2000, p. 10).

Pensando nessas questões, há mais de 20 anos, Rocha (2000, p. 11) pontua:

> [...] Valeriam para a educação infantil parâmetros pedagógicos escolares estabelecendo-se apenas diferenciais relativos à faixa etária? Minha tendência neste momento é responder que não, uma vez que a tarefa das instituições de educação infantil não se limita ao domínio do conhecimento, assumindo funções de complementaridade e socialização relativas tanto à educação como ao cuidado, e tendo como objeto as relações educativo-pedagógicas estabelecidas entre e com as crianças pequenas (0 a 6 anos).

Sem dúvidas, os múltiplos fatores que se inserem nessas relações, principalmente na Educação Infantil, exigem "[...] um olhar multidisciplinar que favoreça a constituição de uma Pedagogia da Educação Infantil, e tenha como objeto a própria relação educacional-pedagógica expressa nas ações intencionais [...]" (Rocha, 2000, p. 11), que, diferentemente do ensino fundamental, envolvam além de uma dimensão cognitiva da criança, que englobem, ainda, as dimensões: expressiva, lúdica, criativa, afetiva, nutricional, médica, sexual, etc. (Rocha, 2000).

> Acredito que a extensão desta perspectiva pode influenciar a escola e passar a constituir uma Pedagogia da Infância (0 a 10 anos). Mas fiquemos alertas [...]. Acredito que há algo de genérico no conhecimento pedagógico que sempre estará em relação com suas dimensões mais particulares e vice-versa. A acumulação da produção científica da educação infantil certamente traz para a Pedagogia questões que são pertinentes aos seus problemas gerais. O mesmo se pode afirmar, portanto, sobre o relacionamento de dimensões específicas entre si, que também têm uma influência na constituição do campo de conhecimento estudado (Rocha, 2000, p. 12).

Nessa perspectiva, os(as) professores(as) de Educação Infantil têm um grande desafio: como explorar vivências das diferentes linguagens com as crianças de forma lúdica? Sem exigir uma postura e disciplina, trabalhando formas de organização da sala que se diferenciam do ensino fundamental, o que questionamos é como todos esses aspectos, essenciais para a formação de um(a) professor(a) de Educação Infantil, estão sendo "esquecidos" na formação inicial, priorizando a discussão, a apresentação e as análises de práticas tradicionais do ensino fundamental, o que gera práticas "adaptadas" de modelos da Educação Infantil que normalmente são mais apropriadas para alunos da escola fundamental.

Em uma perspectiva histórica, Kuhlmann Jr. (2000) considera que, desde a pedagogia de Froebel, a Educação Infantil anuncia propostas que dizem acompanhar ou favorecer o desenvolvimento natural das crianças. Nessa perspectiva, a concepção de uma formação de professores(as) para a infância exige, sobretudo, "[...] uma sólida fundamentação científica, estudos e pesquisas experimentais sobre o desenvolvimento infantil e a observação da criança" (Kuhlmann Jr., 2000, p. 15).

No contexto em que se dá a prática pedagógica na Educação Infantil, Azevedo (2007, p. 24-25) considera ser preciso uma revisão dos conceitos e entendimentos norteadores da prática, o que revela

> [...] a criança como capaz de relacionar-se, de comunicar-se e conhecer-se, de conhecer o mundo e de interpretar o que conhece, produzindo teorias próprias, interpretativas que, embora sejam provisórias e passíveis de sucessivas reelaborações, permitem uma explicação satisfatória para as coisas do mundo.

Desse modo, cabe questionar o papel da Educação Infantil e lembrar que esse espaço não pode ser um lugar de "abreviamento" da infância, uma vez que

> [...] a superação dessa prática de abreviamento da infância leva o educador a atribuir um novo significado ao brincar, ao jogo de faz-de-conta e à experimentação infantil como elementos essenciais para o conhecimento do mundo, para a apropriação de valores, para o desenvolvimento de funções tipicamente humanas, como o pensamento, a percepção, a memória, a atenção (Mello, 2000, p. 87-88).

A busca por uma identidade dos(as) profissionais de Educação Infantil está intrinsecamente ligada à concepção de creche e pré-escola enquanto instituições de caráter educativo, mas não escolar, "[...] no sentido de superar as dicotomias que têm acompanhado o percurso histórico dessas duas modalidades de atendimento à criança de 0 a 6 anos" (Cerisara, 2004, p. 1).

Para Cerisara (2004), as instituições de Educação Infantil devem contemplar de forma integrada os aspectos ligados ao cuidado e à educação das crianças de zero a seis anos sem o privilegiamento de um em detrimento do outro e sem que permaneçam as discriminações nos tipos de atendimento, determinadas pela procedência social das crianças. A autora considera ainda que, para que se possa melhor delimitar as funções e os objetivos dessas instituições de caráter educativo que partilham com as famílias a responsabilidade de educar as crianças de zero a seis anos, é importante "[...] lembrar que a pedagogia tem historicamente estabelecido parâmetros pedagógicos a partir da delimitação da infância em situação escolar, pertinente para o modelo das escolas de 1º e 2º graus, mas inadequado para as instituições de educação infantil" (Cerisara, 2004, p. 2).

Desse modo, Cerisara (2004, p. 2, grifos da autora), em concordância com Rocha (1996), propõe

> [...] a construção de uma *Pedagogia da Infância* que possibilite às instituições educativas responsáveis pela educação da criança de 0 a 6 anos a compreensão de que estas se diferenciam das instituições escolares tanto pelo seu objeto que é a criança e não o sujeito escolar – aluno; como pela definição de suas funções que são diferentes das da pedagogia escolar.

Seguindo esse pensamento, Rocha (1996, p. 8) questiona: "Será possível pensar alternativas para a educação de 0 a 6 anos, resultantes das novas formas de inserção social da família, em novas instituições educativas rompendo com os parâmetros pedagógicos estabelecidos a partir da 'infância em situação escolar' delimitada pela pedagogia?".

O delineamento e a delimitação das outras funções referem-se tanto às especificidades da origem institucional de creches e pré-escolas quanto às práticas discursivas que precisam ser incorporadas no conceito de "infância heterogênea", reconhecendo a infância, segundo Cerisara (2004), como um "tempo de direitos", condição primordial para se construir uma pedagogia para a infância, que se ajuste às necessidades atuais.

Assim, é função das instituições de Educação Infantil o desenvolvimento de atividades complementares e indissociáveis ao cuidado e à educação da criança de zero a seis anos, tendo a clareza de que tal espaço não é a escola nem a casa das crianças, e de que "[...] levar em consideração os eixos que fundamentam o trabalho contribui para delimitar melhor a especificidade dessas instituições de educação infantil, quais sejam: a linguagem, as interações, o brinquedo e a organização do tempo e do espaço" (Cerisara, 2004, p. 2).

> A escolha destes eixos tem por suporte a compreensão de que a especificidade da faixa etária das crianças que frequentam as instituições de educação infantil requer um trabalho educativo, de caráter intencional, cujos objetivos centrais são o desenvolvimento infantil e a viabilização de relações educativas, interpessoais e com a cultura das crianças com o conhecimento sem que isso signifique considerá-lo sem sua *feição escolar* (Cerisara, 2004, p. 3, grifos da autora).

Assim, o(a) professor(a), para atuar nesse segmento da educação, deve ter um repertório de conhecimentos e saberes polivalentes. Portanto, faz-se necessário que esses(as) profissionais tenham uma formação inicial sólida e consistente, "[...] acompanhada de adequada e permanente atualização em serviço [...]" (Brasil, 1998, p. 41).

Em síntese, essa breve explanação teve como objetivo apresentar a Educação Infantil como um espaço pedagógico intencional. Nesta seção, defendemos, em concordância com os(as) autores(as) mencionados(as), a atuação de docentes com formação específica para trabalhar com crianças menores de três anos. Nesse enfoque, a partir de tal proposição, não podemos perder de vista que a Educação Infantil torna-se sinônimo de educar, tendo como objetivo central favorecer o desenvolvimento da criança em todos os aspectos, considerando-a como um ser capaz, que exige do(a) docente a valorização e o respeito à infância (Azevedo, 2007).

Professores(as) de bebês e crianças bem pequenas: quais conhecimentos/saberes?

O(a) professor(a) no Brasil que trabalha especificamente com crianças menores de três anos é, via de regra, um(a) pedagogo(a) ou um(a) professor(a) formado(a) em nível médio. Tendo em vista a caracterização do perfil do(a) professor(a) para explorar a linguagem matemática, é necessário falarmos do espaço de trabalho pedagógico desse(a) profissional, bem como de seu processo de formação.

A lei brasileira garante que pedagogos(as) atuem como professores(as) na Educação Infantil. Batista (2001) aborda como os adultos são condicionados por uma sequenciação hierarquizada única que desconsidera os ritmos individuais das crianças (rotina). "Desse modo, tanto as crianças como os adultos são oprimidos pela forma como o tempo/espaço são organizados-direcionados para alunos e não para crianças" (Ciríaco, 2012, p. 48).

É importante considerar a maneira de organizar e os modos de funcionamento das instituições nas quais se articulam as expectativas e definições no que se refere aos papéis profissionais a serem desenvolvidos. As posturas que serão tomadas, em relação às atividades do cotidiano, incorporam, ainda, os diferentes significados e funções institucionais (Ciríaco, 2012).

É necessário compreender o trabalho docente em suas formas atuais, quando se parte da concepção do magistério como uma construção social. A maneira como o trabalho pedagógico se desenvolveu historicamente delimitou suas características, constituindo-se em saberes e práticas determinantes no perfil dos(as) professores(as) que atuam com bebês e crianças pequenas. Durante muito tempo, acreditava-se que a professora da creche não precisava de formação, pois só cuidava de bebês, alimentando-os e trocando fraldas. Atualmente, há uma perspectiva muito rica quanto ao perfil dessa professora; para lidar com toda a especificidade que envolve os bebês e as crianças bem pequenas, pesquisas mostram (Kishimoto, 2005) que essa professora precisa ser muito bem qualificada, ter uma base de conhecimentos sólida para lidar com as diversidades e com a indissociabilidade entre o cuidado e a educação.

A Educação Infantil tem função diferenciada e complementar à ação da família, o que implica uma profunda, permanente e articulada comunicação entre elas.

O papel do(a) professor(a) da Educação Infantil não seria ensinar conteúdos, mas propiciar momentos e oportunidades para que as crianças explorem e descubram o mundo que as cercam (Tebet, 2000).

Na creche, o(a) professor(a) é um(a) facilitador(a) da aprendizagem e o(a) responsável por conduzir os bebês e as crianças na elaboração dos conhecimentos das diferentes linguagens com vivências exploratórias. De acordo com Ciríaco (2012, p. 196), "A condição necessária para que esse pressuposto ocorra é que os professores precisam ter conhecimentos específicos e pedagógicos dos conteúdos para que consigam transformá-los, por meio de sua atuação em sala de aula, em saberes curriculares, que naturalmente deveriam ser adquiridos na formação inicial".

Segundo Lopes (2003b), os(as) professores(as) que ensinam Matemática na Educação Infantil precisam conhecer bem os conceitos, técnicas e processos matemáticos que compõem o currículo da faixa etária com que atuam e saber como explorá-los com os bebês e as crianças de modo que ocorra uma aprendizagem significativa.

O currículo que defendemos para bebês e crianças bem pequenas exige do(a) professor(a) uma formação diferenciada. Para tal profissional ter outros olhares para a matemática na Educação Infantil será necessária uma boa formação inicial e continuada de professores, só assim ele terá condições que transforma momentos ordinários em extraordinários, conseguirá captar os momentos considerados mais simples em situações oportunas para a exploração das noções e conceitos matemáticos por meio da ludicidade (Azevedo; Ciríaco, 2021).

A construção da identidade profissional do(a) professor(a) da creche é fundamental. Ele(a) recebe contribuições da formação inicial, da experiência em serviço e do processo de formação continuada que deve acontecer.

Embora haja um currículo que cada instituição de Educação Infantil segue, as singularidades na rotina de trabalho pedagógico de cada professor(a) sempre estão presentes, visto que tais profissionais mobilizam, no desenvolvimento de sua prática pedagógica, um conjunto de saberes oriundos da experiência e seguem de acordo com suas concepções sobre o que consideram como prioridade para o cuidado e a educação de bebês e crianças bem pequenas, como prática indissociável de situações planejadas com o foco no desenvolvimento humano.

A licenciatura em Pedagogia destina-se, no âmbito nacional, à formação de professores(as) para atuação na Educação Infantil e nos anos iniciais do ensino fundamental. No que se refere aos conhecimentos matemáticos que compõem o currículo da Educação Infantil e do ensino fundamental, alguns estudos (Lerner, 1995; Nacarato, 2004; Moura, 2005; Maranhão, 2006; Curi, 2010) apontam que é preciso iniciar o trabalho com a Matemática favorecendo determinados conhecimentos, como o significado do número natural e do sistema de numeração decimal e as formas de exploração de relações/regularidades, tanto em sequências quanto em operações numéricas.

No caso particular do trabalho com crianças de zero a três anos, conforme verificaremos no capítulo seguinte, será necessário compreender que a Matemática, na Educação Infantil, apresenta-se como uma das múltiplas linguagens, a qual bebês e crianças bem pequenas precisam desenvolver, aprendendo determinadas habilidades de forma holística em um movimento de percepção matemática (Lorenzato, 2006), com ênfase nas práticas de cuidado e educação, haja vista que: "Para o bebê, ir à creche é ter a oportunidade de se relacionar, de ampliar suas experiências através do convívio com os outros. As salas dos grupos de bebês são marcadas por constante e intensa movimentação, é um misto de ações e relações que esse espaço oferece tanto para as crianças quanto para os adultos" (Duarte, 2012, p. 2).

Faz-se necessário, dadas as características dos bebês, pensar que o "[...] dia a dia seja muito bem planejado, pois há um grande dinamismo e diversidade no grupo" (Richter; Barbosa, 2010, p. 91). Logo, pensar a docência nesse âmbito implica reconhecer que bebês e crianças menores de três anos "[...] em sua integralidade – multidimensional e polissensorial – negam o 'ofício de aluno' e reivindicam ações educativas participativas voltadas para a interseção do lúdico com o cognitivo nas diferentes linguagens" (Richter; Barbosa, 2010, p. 93).

Na presente leitura interpretativa, os(as) professores(as) exigirão ações de "[...] movimentação constante e no ritmo das crianças, ou seja, na intensidade que os bebês demandam" (Duarte, 2012, p. 10).

Logo, é necessário conhecer o tipo de formação que tais profissionais obtiveram em nível inicial, pois, como assinalam Nacarato, Mengali e Passos (2009), é importante saber quais experiências com a Matemática os(as) professores(as) vivenciaram durante a escolarização. Isso se deve ao fato de que diferentes autores têm discutido que "[...] a professora é influenciada por modelos de docentes com os quais conviveu durante a trajetória estudantil, ou seja, a formação profissional docente inicia-se desde os primeiros anos de escolarização" (Nacarato; Mengali; Passos, 2009, p. 23).

Nessa perspectiva, os conhecimentos dos(as) professores(as) não podem ser considerados acabados, imutáveis, uma vez que estes são aprimorados e reconfigurados no decorrer da vida do(a) professor(a) ou do(a) futuro(a) professor(a), inclusive nas relações entre "cuidar e educar matematicamente" (Ciríaco, 2020).

"Os professores sabem decerto alguma coisa, mas o que exatamente? Que saber é esse?" (Tardif, 2007, p. 32). As indagações de Tardif (2007) tocam em uma questão delicada que tem acompanhado o cenário dos estudos e investigações sobre a formação docente. Em outras palavras, os questionamentos apontados pelo autor visam tentar responder à pergunta: o que é preciso saber para ser um bom professor?

Particularmente, aqui, a pergunta torna-se mais específica: o que é preciso saber para ser um bom professor da Educação Infantil em situações de vivências com a Matemática na creche?

Para nós, "As professoras que trabalham com bebês e crianças bem pequenas sabem da riqueza do modo de ser infantil" (Tristão, 2004, p. 2), assim como

> [...] conhecem o jeito que cada criança gosta de dormir, o que cada uma gosta de comer, seus brinquedos favoritos, as muitas travessuras que fazem, se estão mais tristes, agitadas, tranqüilas ou felizes. Percebem que para além da linguagem falada (que para nós adultos é indispensável), os bebês têm outras formas de comunicação e de expressão (olhares, toques, balbucios, choros, gargalhadas, sorrisos...), tão ou mais complexas que a fala e que dizem muito sobre cada um deles, bastando que os adultos consigam percebê-las. Assim, é essencial que as profissionais que trabalham

> com bebês nas instituições de educação infantil alfabetizem-se nas diferentes linguagens das crianças pequenas, buscando entendê-las e, de certo modo, ouvi-las (Tristão, 2004, p. 2).

Constituir-se professor(a) depende de uma multiplicidade de fatores. Como aponta Fávero (1981 citado por Candau, 1995, p. 61),

> a formação do educador não se concretiza de uma só vez. É um processo. Não se produz apenas no interior de um grupo, nem se faz através de um curso. É o resultado de condições históricas. Faz parte necessária e intrínseca de uma realidade concreta determinada. Realidade esta que não pode ser tomada como alguma coisa pronta, acabada ou que se repete indefinidamente. É uma realidade que se faz no cotidiano. É um processo e, como tal, precisa ser pensado.

Além disso, para os que optam por seguir tal profissão, o significado de "ser professor" os acompanha desde a sua vida escolar, antes da própria escolha profissional, e, em razão disso, esses indivíduos possuem uma ideia, uma concepção, do que é ser professor antes mesmo de sua inserção nesse campo profissional. Pimenta (1999, p. 20) afirma que:

> Quando os alunos chegam ao curso de formação inicial já têm saberes sobre o que é ser professor. Os saberes de sua experiência de alunos que foram de diferentes professores em toda sua vida escolar. Experiência que possibilita dizer quais foram os bons professores, quais eram bons em conteúdo, mas não eram em didática, isto é, não sabiam ensinar. Quais professores foram significativos em suas vidas.

Tardif (2000, p. 7), ao se referir aos fundamentos epistemológicos do ofício do professor, considera que os conhecimentos "[...] são evolutivos e progressivos e necessitam, por conseguinte, uma formação contínua e continuada. Os profissionais devem, assim, autoformar-se e relacionar-se através de diferentes meios [...]", pois o processo de constituição de saberes e aprendizagem da docência não se findam na formação inicial.

A formação profissional ocupa, sob esse ponto de vista, boa parte da carreira, e os conhecimentos profissionais "[...] partilham com os conhecimentos científicos e técnicos a propriedade de serem revisáveis, criticáveis e passíveis de aperfeiçoamento [...]" (Tardif, 2000, p. 7) durante o processo de desenvolvimento profissional dos(as) professores(as).

Autores como Niss (2006), em uma tendência internacional de formação de professores(as), defendem que esta deve se fundamentar em uma abordagem por competências. Nesse entendimento, acredita-se que o(a) professor(a) precisa ter uma sólida formação em conhecimento, competências e habilidades em sua atividade da docência.

Niss (2006) nos apresenta duas questões centrais sobre o planejamento e análise da formação matemática de estudantes e de professores(as) na área da Matemática: "(a) O que significa dominar a Matemática? (b) O que significa ser um bom professor de matemática?" (Niss, 2006, p. 27). Segundo o autor, para responder tais questionamentos, é preciso ter "competência". Ele pontua que possuir competência matemática implica "[...] conhecer, compreender, fazer, usar e possuir uma opinião bem-fundamentada sobre a matemática em uma variedade de situações e de contextos onde ela tem ou pode vir a ter um papel" (2006, p. 32).

Niss (2006, p. 33-34) categoriza essas competências em dois grupos. O primeiro grupo trata das habilidades "[...] para perguntar e responder perguntas em matemática e com a matemática". O segundo grupo é "[...] para lidar com a linguagem matemática e seus instrumentos".

As habilidades do primeiro grupo podem ser classificadas em quatro tipos competências: 1) *competência de pensamento matemático*; 2) *competência no tratamento de problemas*; 3) *competência de modelagem*; e 4) *competência de raciocínio*. As habilidades do segundo grupo, por sua vez, são classificadas em outros quatro tipos de competências: 5) *competência de representação*; 6) *competência em simbologia e formalismo*; 7) *competência de comunicação*; e 8) *competência em instrumentos e acessórios*.

O autor pontua que as competências têm natureza dual. De acordo com ele, "[...] mesmo as competências são específicas à Matemática, mas, o mais importante, elas abarcam todos os níveis educacionais:

da escola primária à universidade. E percorrem todos os tópicos: da aritmética à topologia" (Niss, 2006, p. 36).

Mizukami (2004) adverte que são várias as tipologias de fontes teóricas de conhecimentos e saberes dos professores, dentre as quais optamos, para responder a essa questão, por trabalhar com os pressupostos de Tardif (2000; 2007), para falar dos saberes, e com os conhecimentos especificados por Shulman (1986).

Recorremos a Shulman (1986) por defender que, na formação dos professores, devem ser levados em consideração os conteúdos e a área que serão trabalhados. O autor faz uma distinção entre as categorias de bases e os conhecimentos necessários à docência.

> A hipótese de Shulman é a de que os professores têm conhecimento de conteúdo especializado de cuja construção são protagonistas: o conhecimento pedagógico do conteúdo. Os professores precisam ter diferentes tipos de conhecimentos, incluindo conhecimento específico, conhecimento pedagógico do conteúdo e conhecimento curricular. Esses conhecimentos são apresentados de várias formas tais como proposições (conhecimento proposicional), casos (conhecimento de casos) e estratégias (conhecimento estratégico). [...] Esse modelo refere-se especificamente à questão: o que um professor necessita saber para ser professor? (Mizukami, 2004, p. 2).

No caso de nossa pesquisa, a questão principal é: o que o(a) professor(a) necessita saber para atuar com crianças menores de três anos? E para lhes propiciar vivências significativas com a linguagem matemática?

Shulman (1986) considera que são três os tipos de conhecimentos que os professores necessitam ter: conhecimento do conteúdo, conhecimento pedagógico do conteúdo e conhecimento curricular (Gonçalves; Gonçalves, 1998).

> Esta preocupação do professor com a compreensão do que está ensinando e as alternativas que encontra, à medida que reflete sobre a sua prática e busca soluções para problemas do cotidiano pedagógico, é que fazem a singularidade da sua prática

> profissional, pois vai buscar estratégias materiais ou linguísticas para se fazer compreender, para auxiliar o aluno na compreensão do novo conteúdo e na recuperação de conhecimentos e experiências anteriores que sirvam de alicerces e, ao mesmo tempo, de andaimes para novas aprendizagens, pois significam ajustes na prática docente para que a aprendizagem ocorra (Gonçalves; Gonçalves, 1998, p. 110).

Por sua vez, os saberes que constituem a competência docente podem se complementar com as concepções de docência, de teoria e de prática (Lima, 2002). Essas tensões, frequentemente observáveis nos resultados de pesquisas sobre a formação docente, somadas aos conhecimentos necessários à docência, são elementares para a constituição do repertório de saberes construídos pelos(as) professores(as).

No que se refere aos conhecimentos para a atuação na Educação Infantil, buscamos respaldo em alguns estudos da área que apontam a necessidade de uma formação específica para a atuação com crianças pequenas (Kishimoto, 2002; Faria; Palhares, 2005; Kramer, 2007, entre outros). Para tanto, o modelo de formação proposto para o profissional que atua com a infância tem, em sua essência, a polivalência como especificidade.

Segundo o Referencial Curricular Nacional para a Educação Infantil - RCNEI (Brasil, 1998), a polivalência seria a capacidade de o(a) professor(a) trabalhar com diversas áreas do conhecimento, cujos atributos vão desde os cuidados básicos essenciais ao desenvolvimento das crianças até os conhecimentos específicos provenientes das diversas linguagens. "Este caráter polivalente demanda, por sua vez, uma formação bastante ampla do profissional que deve tornar-se, ele também, um aprendiz, refletindo constantemente sobre sua prática, debatendo com seus pares, dialogando com as famílias e a comunidade e buscando informações necessárias para o trabalho que desenvolve [...]" (Brasil, 1998, p. 41).

Acreditamos que uma formação que englobe tais aspectos é essencial para romper com as velhas práticas tradicionais que se baseiam na repetição e reprodução dos conhecimentos. O(a) professor(a), assim formado(a), precisa considerar o bebê e a criança como seres ativos e trazer suas experiências para as situações propostas. Daí a necessidade de ressignificação do papel do(a) professor(a) que atua na infância e da busca pelos conhecimentos necessários à docência no período que compreende as primeiras vivências dos bebês e das crianças com o contexto educacional.

Buscando resolver o impasse da complexidade da atuação na Educação Infantil, tentaremos, a partir do modelo de formação proposto por Shulman (1986), traduzir o significado dos conhecimentos da base da docência propostos pelo autor, no caso do(a) professor(a) de bebês e crianças bem pequenas.

Em suma, as considerações a seguir tentarão responder à seguinte questão: como ser um(a) professor(a) polivalente com base nas ideias de Shulman (1986)?

Conforme mencionado anteriormente, o autor considera três conhecimentos essenciais para que o(a) professor(a) cumpra sua tarefa:

1) *Conhecimento do conteúdo das disciplinas*: refere-se aos conhecimentos específicos de cada disciplina, como no caso deste estudo referente à Matemática. O(a) professor(a) tem que conhecer os conceitos, as propriedades e os procedimentos para saber como distinguir o conceito de suas representações, visto que o conteúdo é o que irá problematizar/vivenciar junto ao grupo de crianças com o qual trabalha. Para Maranhão e Carvalho (2008), o conhecimento conceitual e das propriedades permite uma compreensão dos porquês dos fundamentos de determinados procedimentos, como os algoritmos das operações matemáticas, mais especificamente.

Segundo Wilson, Shulman e Richert (1987), o fato de o(a) professor(a) saber bem o conteúdo que explora não garante que o ensino seja eficiente, tampouco que a criança aprenda todas as noções exploradas.

Wilson, Shulman e Richert (1987) reconhecem que existem diferenças entre o tipo de conhecimento que o(a) professor(a) necessita saber, dependendo da situação em que o ensino ocorre, bem como de seu contexto. Nessa perspectiva, entendemos que, no caso da Educação Infantil, o(a) professor(a) precisa, além de conhecer bem as diferentes linguagens com as quais irá trabalhar, saber como abordá-las para que a criança o(a) entenda. Em outras palavras, o(a) professor(a) tem que saber muita matemática, não só para trabalhar com bebês e crianças, como também para enxergar e explorar noções matemáticas existentes em vivências, interações e brincadeiras realizadas com a criança menor de três anos.

2) *Conhecimento pedagógico do conteúdo*: refere-se ao conhecimento para ensinar, ou seja, trata-se de estratégias que os professores utilizam com o intuito de favorecer o desenvolvimento e a aprendizagem do bebê e da criança bem pequena. Assim, é desejável que o(a) professor(a) tenha fontes diversificadas para desenvolver suas práticas pedagógicas de forma intencional e que possam vir a fortalecer o conhecimento do conteúdo por parte das crianças, dado que, diante da complexidade do espaço da creche, o(a) professor(a) tem que buscar maneiras distintas de abordagem/exploração junto aos bebês e às crianças, propriedade, procedimentos e/ou princípios matemáticos. Esse tipo de conhecimento é construído constantemente pelo(a) professor(a), que, ao proporcionar vivências com a área das diferentes linguagens na Educação Infantil, o enriquece, melhora e aprimora ao relacioná-lo com os outros tipos de conhecimentos explicitados na base (Mizukami, 2004).

Para Shulman (1986), durante o exercício da profissão, os(as) professores(a) ressignificam seus conhecimentos e acabam por construir novos tipos de conhecimentos. Por conseguinte, o conhecimento pedagógico do conteúdo pode ser considerado novo, pois,

> [...] incorpora os aspectos do conteúdo mais relevantes para serem estudados. Dentro da categoria de conhecimento pedagógico do conteúdo eu incluo, para a maioria dos tópicos regularmente ensinados de uma área específica de conhecimento, as representações mais úteis de tais ideias, as analogias mais poderosas, ilustrações, exemplos, explanações e demonstrações. [...] também inclui uma compreensão do que torna a aprendizagem de tópicos específicos fácil ou difícil: as concepções e preconcepções que estudantes de diferentes idades e repertórios trazem para as situações de aprendizagem (Shulman, 1986, p. 9).

Maranhão e Carvalho (2008), em estudos sobre Shulman (1986), salientam que ter apenas habilidades pedagógicas sem saber bem o conteúdo em si, como a Matemática, seria inútil pedagogicamente, já que um deve estar articulado com o outro para que a aprendizagem seja significativa. Nessa direção, podemos pensar "[...] que o conhecimento do conteúdo e o pedagógico do conteúdo são indissociáveis. Além disso, importa-nos observar aqui que o autor emprega o termo 'saber' como sinônimo de 'conhecer'" (Maranhão; Carvalho, 2008, p. 10).

Entendemos que o *conhecimento pedagógico do conteúdo* é, em especial, interessante, porque, ao se juntar ao *conhecimento do conteúdo* matemático, pode possibilitar a compreensão e organização de determinados conceitos e problemas, bem como sua adequação para a aprendizagem de crianças.

No entanto, o problema é mais complexo no caso da polivalência.

Como o(a) professor(a) pode explorar ideias matemáticas nas situações cotidianas? Que vivências e experiências são possíveis realizar? Como envolver os bebês e as crianças nas propostas?

3) *Conhecimento do currículo*: refere-se aos programas estabelecidos para os níveis dos diferentes segmentos de ensino, aos materiais de instrução próprios de tais programas e a conhecer bem as indicações referentes aos temas específicos daquele currículo. Para Shulman (1986), os cursos de formação de professores têm se mostrado insuficientes em termos de conhecimento curricular. Ainda para o autor, o currículo é a "matéria médica" da Pedagogia (Maranhão; Carvalho, 2008), já que ele representa um espaço em que os(as) professores(as) se mobilizam para planejar e desenvolver vivências matemáticas no decorrer do ano letivo.

Mizukami (2004), também em estudos sobre Shulman (1986), salienta que o autor, na tentativa de "[...] simplificar as complexidades do ensino em sala de aula [...]", esclarece que as pesquisas até então realizadas ignoravam o aspecto central da vida em sala, sendo esse o conteúdo específico da disciplina lecionada pelos professores, que significa um processo fundamental para a aquisição da aprendizagem da docência. Shulman (1986, p. 6) explica que tais pesquisas não averiguaram "[...] como o conteúdo específico de uma área de conhecimento era transformado a partir do conhecimento que o professor tinha em conhecimento de ensino. Tampouco perguntavam como formulações particulares do conteúdo se relacionavam com o que os estudantes passaram a conhecer ou a aprender de forma equivocada".

Para o autor, o desenvolvimento de pesquisas sobre o "conhecimento do professor" retratava uma maneira de chegar a uma visão mais compreensiva de ensino (Mizukami, 2004).

Em todo processo de ensino ocorre uma tensão entre o que os especialistas da área, como os professores que "ensinam" Matemática, sobre como ela é compreendida por eles e como ela deve ser compreendida pelos bebês e crianças. Os(as) professores(as) desenvolvem situações desencadeadoras das noções que desejam que os bebês e as crianças vivenciem, dão exemplos e não exemplos sobre as diferentes linguagens, oferecem demonstrações para possibilitar uma aprendizagem na tentativa de construir pontes entre o pensamento deles(as) e o da criança (Shulman, 2004).

Com relação ao currículo destinado à infância, Lopes (2005) enfatiza que é preciso considerar o nível de desenvolvimento dos bebês e das crianças quanto às vivências propostas pelos professores, que não devem ser esporádicas e/ou em excesso de temas que não condizem com essa faixa etária. "Portanto, a docência com os bebês se constitui na interação humana vinculada a uma intencionalidade que expressa, por sua vez, uma função social" (Duarte, 2012, p. 10).

Assim, é necessário compreender que a

> [...] função social da educação infantil como sendo de educar-cuidar das crianças, [...] no cotidiano das instituições, ainda é controversa, o que se evidencia de modo crucial com relação às formas de organização curricular predominantes nas instituições que atendem crianças de zero a seis anos. De modo predominante, faz-se uma reedição de modelos do Ensino Fundamental, marcadamente racionais, normativos, hierarquizantes e fragmentares, cujo foco é a homogeneização, controle e ordenação de processos, atividades e, principalmente, sujeitos (Lopes, 2005, p. 1).

Pelo recorte adotado no trabalho que originou este livro, consideramos as categorizações do conhecimento especificadas por

Shulman (1986) como fundamentais para a compreensão de como os(as) professores(as) "dominam" conhecimentos ligados à Matemática no período que compreende suas práticas no berçário e em turmas de crianças de dois a três anos, bem como tentarmos decifrar como tais conhecimentos se incorporam na prática intencional na creche, tendo como pano de fundo do trabalho pedagógico o saber da polivalência como especificidade.

Inspirados em Reggio Emilia, podemos afirmar que o papel do(a) professor(a) é ser parceiro(a), promotor(a) do crescimento e guia, aquele(a) que se atenta aos aspectos da organização da rotina da Educação Infantil, da Pedagogia da Infância e do currículo (Edwards; Gandini; Forman, 1999). Dessa maneira, a caracterização do adulto-professor tem dimensões fundamentais, as quais envolvem aspectos para além do promover desenvolvimento/aprendizagem em domínios afetivos, sociais, físicos e cognitivos. Incluem-se também "[...] manejo da sala de aula; preparação do ambiente; oferecimento de incentivo e orientação; comunicação com outras pessoas importantes (pais, colegas, administradores, público em geral) e busca de crescimento profissional" (Edwards; Gandini; Forman, 1999, p. 160).

Em síntese, a consolidação da docência com bebês e crianças bem pequenas refere-se à afirmação de que todas as ações que envolvem esse cotidiano se constituem por dimensões educativas de extrema relevância na creche, o que implica reconhecer que esta é um espaço pedagógico e intencional para que a linguagem matemática floresça cotidianamente.

Quanto da linguagem matemática cabe no território da infância?

O leve e macio raio de sol se põe no rio. Faz arrebol...
Da árvore evola amarelo, do alto bem-te-vi-cartola e, de
um salto pousa envergado no bebedouro a banhar seu louro
pelo enramado... De arrepio, na cerca já se abriu, e seca.
(Manoel de Barros)

A poesia-epígrafe cantada de Manoel de Barros, na voz do espetáculo *Crianceiras*, exprime algumas das características que consideramos também estarem presentes na boniteza do ser bebê e criança e do viver a infância como uma etapa da vida regada de descobertas no desenvolver-se. Como "o leve macio raio de sol" que "se põe no rio" e "faz arrebol...", existe uma sutileza nas ações do bebê e da criança bem pequena, sutileza essa que, tal como o crepúsculo, quando o sol surge e some no horizonte, se apresenta como algo único, belo e que merece ser contemplado para que não nos esqueçamos de como é bom viver!

Os bebês despertam em nós, professores(as) e/ou família, possibilidades de enxergar para além da "cerca que já se abriu, e seca", fazem "arrebol", e "da árvore evola amarelo", verde, azul, branco, preto, cinza, roxo e mais cores no universo infantil. Crianças bem pequenas, "de um salto", ao começarem a andar, "pousam envergadas" em seus primeiros passos, superando desafios ao "banharem seus louros pelo enramado", demonstrando para nós, pessoas adultas, que a persistência se apresenta como a melhor alternativa para resolver problemas. E é a partir dessa forma de enxergar o bebê, a criança e a infância que falamos e escrevemos; um lugar não de direcionamentos normativos do que se deve fazer, mas, sim, de escolhas eticamente pautadas no potencial dos primeiros anos de vida de uma criança para seu desenvolvimento integral e aprendizagem.

Ao longo do livro, ao reunirmos nossa experiência com a linguagem matemática no território dos bebês e das crianças bem pequenas, buscamos compartilhar com o(a) leitor(a) indicadores de atuação na creche que visam valorizar a infância em um movimento de brincar, interagir, experienciar, desenvolver e, consequentemente, apreender significados da Matemática na Educação Infantil. Para isso, inspirados na prática educativa dialógica e intencional de um grupo de professoras, compartilhamos o cotidiano de vivências com alternativas metodológicas e conceituais como forma de recriação da rotina diária em atividades permanentes e recorrentes nos espaços-tempos de instituições públicas de Educação Infantil.

Pensar a Educação Matemática na creche não é uma tarefa fácil. Incluir crianças menores de três anos no planejamento educacional em uma perspectiva intencional apresenta-se, historicamente, como um desafio aos profissionais de educação para a infância, isso porque, na raiz desse atendimento, temos uma base prática ligada ao assistencialismo da criança. Ou seja, as instituições surgiram, como vimos no capítulo anterior, com o objetivo de assistir em termos médico-higienistas bebês e crianças pequenas enquanto as mulheres-mães exerciam profissões fora de seus lares. Esse fato contribuiu, fortemente, para um mito: o de que o direito à Educação Infantil é da mãe trabalhadora. Não nos eximimos de pensar que, em um país cheio de desigualdades sociais como o Brasil, isso deve ser levado em consideração em alguns contextos devido à falta de vagas no sistema. Contudo, é preciso reforçar que *a Educação Infantil é um direito da criança, e não da mãe trabalhadora*. É direito do bebê e da criança bem pequena usufruir de um espaço-tempo em que ocorram interações e brincadeiras, com situações pensadas pedagogicamente, para que possam desenvolver e explorar as diferentes linguagens presentes nessa etapa de vida que constitui um momento promissor para aprendizagens.

Com o reconhecimento da Educação Infantil como primeira etapa educacional, pós-LDB, esta vem buscando demarcar seu objetivo e suas especificidades quando comparada com as demais etapas educacionais. Para nós, essa "comparação" não cabe! A educação de bebês e crianças menores de seis anos de idade tem especificidades que não podem ser igualadas às de demais etapas. Temos, na relação direta com bebês e crianças bem pequenas, oportunidades únicas de acompanhar evoluções da formação de pensamento e linguagem, as quais respondem direta e indiretamente às interações com o meio em que vivem. Nessa direção, defendemos ser a creche o espaço de socialização primeiro dos infantes, que é nessa etapa que ocorrem os avanços mais significativos. Mais tarde, quando maiores, as crianças revisitam essas experiências em contextos mais complexos, respondendo às demandas com diferentes formas de resolver problemas e lidando com frustrações da vida de maneira menos traumática.

Seguindo essa linha de pensamento, desde a creche, enquanto professoras de bebês e crianças bem pequenas, precisaremos ter consciência de que nossa interação com os grupos infantis com os quais trabalhamos e ainda trabalharemos nunca será indireta e não pessoal. Essa relação será (e precisa assim o ser) diretamente ligada à dimensão pedagógica-educativa, em que a emoção/afetividade tem peso relevante no processo de desenvolvimento/aprendizagem. Por essa razão, eticamente, as vivências decorrentes das interações que oportunizamos às crianças integram duas ações complementares e indissociáveis: o cuidar e o educar.

Cuidar e educar envolve as atividades permanentes de higiene, sono, alimentação e organização do espaço, pela atenção aos materiais que são oferecidos, como os brinquedos. Cuidar e educar de um bebê e de uma criança em um contexto educativo demanda a integração de vários campos de conhecimentos e a cooperação de profissionais de diferentes áreas. Significa valorizar e ajudar a desenvolver capacidades, colaborando para que os bebês e as crianças atribuam significados àquilo que os cerca de modo ativo, crítico, criativo e autônomo, gerando uma experiência positiva, sempre compartilhando e complementando a educação e o cuidado dos bebês e das crianças com as famílias.

A indissociabilidade dos processos de cuidar e educar é que distingue a instituição de Educação Infantil de outros tipos de estabelecimentos e níveis educacionais (Barbosa, 2010).

Nessa direção, consideramos que a presente obra soma esforços para contribuir com o campo da Educação Infantil ao explorar, de modo situado/específico, vivências e experiências de promoção ao pensamento matemático, direcionando outros olhares para a linguagem matemática e situando-a como uma ação natural e inerente às ações da infância, que é viva, potente e anuncia a urgência de que, ao adentrarmos territórios não adultos, possamos compreendê-los (ou ao menos tentar) como peculiares e, portanto, espaços em que temos de solicitar "licença" para caminharmos.

Os bebês e as crianças têm o direito de conviver, brincar, participar, explorar, expressar e conhecer-se. Para garantirmos isso, é preciso convidá-los para vivenciar um mundo nas instituições de Educação Infantil onde podem se desenvolver e aprender plenamente com professoras que possuam uma formação profissional adequada e com um espaço rico, com materiais e estrutura física que favoreçam a construção da autonomia, da descoberta, da curiosidade e do exercício do pensamento a partir das diferentes linguagens vinculadas aos conhecimentos das artes, da cultura, da ciência e da tecnologia. Instituições essas que também tenham espaços externos em contato com a natureza, com alimentação de qualidade, parques, areia, biblioteca, quadra, jardim, horta, brinquedoteca, entre outros espaços.

Queremos destacar que este livro reflete sobre, respeita e considera os bebês. Reconhecemos que eles possuem um corpo no qual afeto, intelecto e motricidade estão profundamente conectados. Cada bebê possui um ritmo pessoal, uma forma de ser e de se comunicar. Eles são pessoas potentes no campo das relações sociais e da cognição. Do ponto de vista político-pedagógico, consideramos os bebês visíveis e cidadãos de direitos. Eles carregam consigo a potencialidade de fazer emergir novas formas de ser, de relacionar-se e de viver.

Historicamente, a Educação Infantil surge enquanto política compensatória assistencialista que, basicamente, tinha como objetivo assistir a crianças menores de seis anos em relação aos cuidados em caráter médico-higienista. Com as conquistas femininas, principalmente em relação à inserção da mulher no mundo do trabalho, vários movimentos sociais ocorreram, e houve duras lutas para um atendimento à infância, ampliação de vagas, etc. A Educação Infantil conquistou o *status* educacional e, na segunda metade da década de 1990, garantiu seu reconhecimento como primeira etapa da educação básica com a LDB (Brasil, 1996).

Reportando-nos para a creche e suas profissionais, com destaques para o objetivo da discussão deste livro, a linguagem matemática na Educação Infantil pode ser considerada relativamente recente nas discussões do cenário nacional. Ao reconhecermos isso, juntamo-nos à "luta" para que possamos pensar um currículo para creche que seja fruto de experiências coletivas e que reconheça o bebê e a criança bem pequena como sujeitos ativos de seu processo educativo.

Que o currículo da Educação Infantil não seja marcado somente por exigências e burocracias que, muitas vezes, engessam o trabalho pedagógico, mas que seja flexível o suficiente para as professoras produzirem conhecimento e construírem um currículo vivo com os bebês e crianças, respeitando suas especificidades e os contextos socioculturais que definem sua infância, priorizando a Pedagogia da Infância e desconstruindo práticas educacionais tradicionais, bem como valores de uma sociedade burguesa, machista, homofóbica, eurocentrista, colonialista e adultocêntrica.

Defendemos, neste livro, os bebês e as crianças como sujeitos de direitos, seres humanos sociais, culturais, intelectuais, criativos, estéticos, expressivos e emocionais. Isso exige a definição de indicativos pedagógicos que possibilitem a eles a experiência da infância de forma a tomarem parte em projetos educacionais fundados na democracia, na diversidade, na participação social, a partir de práticas educativas que privilegiem as relações sociais entre todos os segmentos envolvidos (bebês, crianças, familiares e professores).

Sem a aula e sem o conteúdo escolar, a docência nas creches e pré-escolas se organiza de outra forma, a partir de outra pedagogia (diferente da do ensino fundamental). Trata-se de uma profissão que está sendo inventada: professores de bebês e crianças na Educação

Infantil, atores na ação de educar, a partir da educação do sensível, por meio da potência criativa da cultura infantil.

A Pedagogia da Infância é aquela que dialoga positivamente com uma Educação Matemática que valoriza a insubordinação criativa, e que anseia por bebês e crianças curiosos, que descobrem, imaginam, inventam, divertem-se, transgridem e resistem. É preciso alargar as fronteiras entre o campo da Educação Infantil e a Educação Matemática na infância, fazendo emergir as singularidades de ambas as áreas, valorizando a liberdade da produção de conhecimento, que não reside necessariamente na produção de conceitos prontos e acabados, mas que considera a construção, pelos bebês e pelas crianças, de sensos e noções fundamentais para entender o mundo ao qual pertencem, como as de patrimônio cultural, artístico, ambiental, científico e tecnológico.

Consideramos bebês e crianças curiosos e inventivos, capazes de estabelecer múltiplas relações e levantar hipóteses de várias naturezas; capazes de manifestar inúmeras formas de organização do pensamento em diferentes noções matemáticas, tais como procedimentos mentais básicos, números, espaço e forma, medidas, probabilidade/estatística, entre outras.

As professoras de creche produzem em suas práticas uma riqueza de conhecimentos que precisa ser, juntamente com suas experiências, assumida como ponto de partida de qualquer processo de formação continuada e de mudança na instituição de Educação Infantil em que trabalha. É preciso acabar com essa dicotomia de que cada professora que atua na educação básica é um "ser feito para fazer", e que os acadêmicos, professores e pesquisadores da universidade, "seres feitos para pensar". A professora da educação básica deve ser vista como aquela que pesquisa a sua própria prática, aquela que pensa o seu próprio fazer.

Quando assumimos o desafio de escrever um livro específico para pensar a linguagem matemática no território das crianças menores de três anos, tínhamos como desejo explorar o que seria possível para que o desejável, no ambiente da creche, chegasse ao real num futuro próximo, em que dias melhores virão. Sabemos que dias melhores virão porque não estamos sós na busca por uma Educação

Infantil de qualidade e laica, que deve ser estruturada como um ambiente de socialização das crianças, de valorização de suas culturas e de especificidades dos saberes e conhecimentos de suas professoras, profissionais estas que merecem todo o respeito e reconhecimento da sociedade, haja vista que são elas quem proporcionam a bebês e crianças bem pequenas o acesso ao patrimônio cultural acumulado ao longo do tempo pela humanidade.

Contudo, reafirmamos que tal acesso não se dá sem uma formação sólida e consciente por parte das profissionais de creche acerca do real papel que exercem para além do cuidado, papel que toca em muitas dimensões de sua profissionalização. Assim, um possível caminho, dentre os tantos que podem coexistir nos contextos diversificados que a Educação Infantil assume em território nacional, do Oiapoque ao Chuí, é saber que não estamos sozinhas quando limitamos o olhar para a criança; temos de nos colocar em posição de reconhecer a relevância da interação entre os pares de trabalho. Ou seja, você, professora de bebê e criança bem pequena, não está sozinha em sua rotina. Junto contigo, no exercício de sua profissão e na exploração de seus conhecimentos em vivências com as crianças, materializam-se vossa história de vida e formação, além da concepção do que é ser um bebê e uma criança bem pequena, do que é viver a infância e, principalmente, de como a linguagem matemática adentra o território daquelas e daqueles que estão a experienciar o mundo pelo olhar intuito de quem quer se desenvolver e aprender.

Assim, quando constituímos ambientes de exploração da linguagem matemática com bebês e crianças bem pequenas estamos a lhes dar a oportunidade de construir, criar, brincar, interagir e, com isso, formar seu pensamento lógico-matemático a partir de situações dentro da rotina da Educação Infantil. Sem dúvida, isso demanda rompermos com a visão de que processos que envolvam a Matemática na creche são trabalhados, exclusivamente, em momentos em que é possível explorar "conteúdos". A lógica conteudista não contempla essa etapa e não cabe a um atendimento à infância que preze pelo bem-estar de todos e que seja inclusivo para bebês e crianças bem pequenas. Nas vivências destacadas neste livro, foi possível identificarmos alguns indicadores de atuação que fornecem pistas ao fazer pedagógico intencional.

Em síntese, com essas reflexões finais, gostaríamos de deixar o recado, para as professoras de creche, de que somos sujeitos históricos e sociais. Como bem destacou Zilma Ramos de Oliveira (2011a), em resposta ao questionamento: "Como cada um de nós chegou a ser o que é hoje?", não chegamos até aqui sozinhas (por mais que pareça assim o ser em muitos momentos da docência), somos fruto de tudo que vivenciamos e, consequentemente, da forma como nos relacionamos com a criança menor de seis anos de idade.

Referências

Abramowicz, A.; Levcovitz, D.; Rodrigues, T. C. Infâncias em Educação Infantil. *Pro-Posições*, Campinas, v. 20, n. 3 (60), p. 179-197, set./dez. 2009. Disponível em: https://www.scielo.br/j/pp/a/cfMLxpmmX6VCvsqsWHFGfJg/?format=pdf&lang=pt. Acesso em: 15 set. 2023.

Alrø, H; Skovsmose, O. *Diálogo e aprendizagem em Educação Matemática*. Belo Horizonte: Autêntica, 2006.

Araújo, E. S. Matemática e infância no "Referencial Curricular Nacional para a Educação Infantil": um olhar a partir da teoria histórico-cultural. *Zetetiké*, Campinas, v. 18, n. 33, jan./jun. 2010. Disponível em: https://periodicos.sbu.unicamp.br/ojs/index.php/zetetike/article/view/8646696/13598. Acesso em: 15 nov. 2023.

Azevedo, P. D. de. *O conhecimento matemático na Educação Infantil*: o movimento de um grupo de professoras em processo de formação continuada. São Carlos: UFSCar, 2012. Tese (Doutorado em Educação) – Programa de Pós-Graduação em Educação, Centro de Educação e Ciências Humanas, Universidade Federal de São Carlos, São Carlos, 2012. Disponível em: https://repositorio.ufscar.br/bitstream/handle/ufscar/2293/4889.pdf?sequence=1&isAllowed=y. Acesso em: 20 set. 2023.

Azevedo, P. D. de. *Os fundamentos da prática de ensino de Matemática de professores da Educação Infantil Municipal de Presidente Prudente/SP e a formação docente*. Presidente Prudente: Unesp, 2007. Dissertação (Mestrado em Educação) – Faculdade de Ciências e Tecnologia, Universidade Estadual Paulista "Júlio de Mesquita Filho", Presidente Prudente, 2007. Disponível em: https://www2.fct.unesp.br/pos/educacao/teses/priscila_azevedo.pdf. Acesso em: 15 maio 2024.

Azevedo, P. D. de. Introdução: outros olhares para a Matemática. In: Azevedo, P. D. de; Ciríaco, K. T. C. (Orgs.). *Outros olhares para a Matemática*: experiências na Educação Infantil. São Carlos: Pedro & João Editores, 2020. p. 19-30. Disponível em: https://pedroejoaoeditores.com.br/2022/wp-content/uploads/2022/01/EbookGEOOM2-1.pdf. Acesso em: 15 dez. 2023.

Azevedo, P. D. de; Ciríaco, K. T. (Orgs.). *Outros olhares para a Matemática*: experiências na Educação Infantil. São Carlos: Pedro & João Editores, 2020. Disponível em: https://pedroejoaoeditores.com.br/2022/wp-content/uploads/2022/01/EbookGEOOM2-1.pdf. Acesso em: 15 dez. 2023.

Azevedo, P. D. de; Ciríaco, K. T. Narrativas "de" e "sobre" educação matemática na infância e as potencialidades do registro reflexivo em um grupo de professoras. *Zero-a-Seis*, Florianópolis, v. 23, n. 44, p. 1709-1735, jul./dez. 2021. Disponível em: https://periodicos.ufsc.br/index.php/zeroseis/article/view/79180/47592. Acesso em: 12 fev. 2024.

Azevedo, P. D. de; Passos, C. L. B. Professoras da Educação Infantil discutindo a Educação Matemática na infância: o processo de constituição de um grupo. In: Carvalho, M. C.; Bairral, M. A. (Orgs). *Matemática e Educação Infantil*: investigações e possibilidades de práticas pedagógicas. Petrópolis: Vozes, 2012. p. 53-81.

Banks, F.; Mayes, A. S. (Eds.). *Early Professional Development for Teachers*. Londres: The Open University, 2001.

Barbosa, M. C. Especificidades da ação pedagógica com os bebês. In: SEMINÁRIO NACIONAL: CURRÍCULO EM MOVIMENTO – PERSPECTIVAS ATUAIS, 1., 2010, Belo Horizonte. *Anais*... Brasília: MEC, 2010. Disponível em: http://portal.mec.gov.br/docman/dezembro-2010-pdf/7154-2-2-artigo-mec-acao-pedagogica-bebes-m-carmem/file. Acesso em: 15 abr. 2024.

Batista, R. A rotina no dia-a dia da creche: entre o proposto e o vivido. In: REUNIÃO ANUAL DA ASSOCIAÇÃO NACIONAL DE PÓS-GRADUAÇÃO E PESQUISA EM EDUCAÇÃO, 24., 2001, Caxambu. *Anais*... Caxambu: ANPEd, 2001. p. 1-16. Disponível em: http://www.anped.org.br/reunioes/24/T0790391564557.doc. Acesso em: 1 maio 2024.

Becchi, E.; Bondioli, A.; Ferrari, M.; Gariboldi, A. *Ideias orientadoras para a creche*: a qualidade negociada. Tradução de Maria de Loudes Tambaschia Menon. Revisão técnica de Elisandra Godoi e Suely Amaral Mello. Campinas: Autores Associados, 2012.

Becchi, E. Os personagens da creche. In: Becchi, E.; Bondioli, A.; Ferrari, M.; Gariboldi, A. *Ideias orientadoras para a creche*: a qualidade negociada. Tradução de Maria de Loudes Tambaschia Menon. Revisão técnica de Elisandra Godoi e Suely Amaral Mello. Campinas: Autores Associados, 2012. p. 3-19.

Bennett, W. *James Madison Elementary School:* A Curriculum For American Students. Washington: United States Department of Education, 2004.

Benjamin, W. *Reflexões sobre a criança, o brinquedo, a educação*. São Paulo: Summus, 2007.

Bettelheim, B. *A psicanálise dos contos de fadas*. São Paulo: Paz e Terra, 2002.

Borba, M. de C.; Araújo, J. de L. (Orgs.). *Pesquisa qualitativa em Educação Matemática*. Belo Horizonte: Autêntica. 2004.

Brasil. Conselho Nacional da Educação. *Consulta relativa ao ensino fundamental de 9 anos*. Parecer CEB n. 020/98 aprovado em 2 de dezembro de 1998. Relator: João Antônio Cabral de Monlevade. Brasília, 1998.

Brasil. Conselho Nacional da Educação. *Resolução CNE/CP N.º 1, de 15 de maio de 2006*. Parecer que institui as Diretrizes Curriculares Nacionais para a Graduação em Pedagogia Licenciatura. Relator: Edson de Oliveira Nunes. Brasília, 2006.

Brasil. *Constituição da República Federativa do Brasil*. Brasília: Senado, 1988.

Brasil. Lei n.º 10.172, de 9 de janeiro de 2001. Aprova o Plano Nacional de Educação e dá outras providencias. *Diário Oficial da União*, Brasília, 10 jan. 2001.

Brasil. Lei n.º 11.114, de 16 de maio de 2005. Altera os arts. 6°, 30, 32 e 87 da Lei n.º 9.394, de 20 de dezembro de 1996, com o objetivo de tornar obrigatório o início do ensino fundamental aos seis anos de idade. *Diário Oficial da União*, Brasília, 17 mai. 2005.

Brasil. Lei n.º 11.274, de 6 de fevereiro de 2006. Altera a redação dos arts. 29, 30, 32 e 87 da Lei n.º 9.394, de 20 de dezembro de 1996, que estabelece as diretrizes e bases da educação nacional, dispondo sobre a duração de 9 (nove) anos para o ensino fundamental, com matrícula obrigatória a partir dos 6 (seis) anos de idade. *Diário Oficial da União*, Brasília, 7 fev. 2006.

Brasil. Lei n.º 8.069, de 13 de julho de 1990. Dispõe sobre o Estatuto da Criança e do Adolescente e dá outras providencias. *Diário Oficial da União*, Brasília, 16 jul. 1990. Seção 1, p. 13563-13577.

Brasil. Lei n.º 9.394, de 20 de dezembro de 1996. Estabelece as Diretrizes e Bases da Educação Nacional. *Diário Oficial da União*, Brasília, DF, 23 dez. 1996. p. 27894.

Brasil. Ministério da Educação. *Base Nacional Curricular Comum - BNCC*. Brasília: MEC, 2017. Disponível em: http://basenacionalcomum.mec.gov.br/images/BNCC_EI_EF_110518_versaofinal_site.pdf. Acesso em: 1 mar. 2024.

Brasil. Ministério da Educação. *Brinquedos e Brincadeiras na creche*: manual de orientação pedagógica. Brasília: MEC/SEB, 2012. Disponível em: http://portal.mec.gov.br/dmdocuments/publicacao_brinquedo_e_brincadeiras_completa.pdf. Acesso em: 12 fev. 2024.

Brasil. Ministério da Educação. *Diretrizes Curriculares Nacionais para a Educação Infantil*. Brasília: MEC/SEB, 2010. Disponível em: http://portal.mec.gov.br/dmdocuments/diretrizescurriculares_2012.pdf. Acesso em: 10, jan. 2024.

Brasil. Ministério da Educação. *Ensino Fundamental de nove anos*: orientações gerais. Brasília: MEC/SEB, 2004.

Brasil. Ministério da Educação. *Ensino Fundamental de nove anos*: orientações para a inclusão da criança de 6 anos de idade. Brasília: MEC/SEF, 2006.

Brasil. Ministério da Educação. *Referencial Curricular Nacional para a Educação Infantil*: Conhecimento de Mundo. Brasília: MEC/SEF, 1998.

Brasil. Ministério da Educação. *Revisão das Diretrizes Curriculares Nacionais para a Educação Infantil*. Conselho Nacional de Educação – CNE. Parecer CNE/CEB n. 20/2009, aprovado em 11 de novembro de 2009. Disponível em: https://

normativasconselhos.mec.gov.br/normativa/view/CNE_PAR_CNECEBN202009.pdf?query=INFANTIL. Acesso em: 10 out. 2023.

Campos, M. M. Educar e cuidar: questões sobre o perfil do profissional de Educação Infantil. In: Brasil. Ministério da Educação. *Por uma política de formação profissional de Educação Infantil.* Brasília: MEC/SEF, 1994. p. 32-34.

Candau, V. F. Pluralismo cultural, cotidiano escolar e formação de professores. In: Candau, V. F. (Org.). *Magistério*: construção cotidiana. Petropólis: Vozes, 1995. p. 237-250.

Carvalho, M. P. *No coração da sala de aula*: gênero e trabalho docente nas séries iniciais. São Paulo: Xamã. 1999.

Cerisara, A. B. *Em busca da identidade das profissionais de Educação Infantil.* Salvador: SMEC, 2004.

Cerisara, A. B. O referencial curricular nacional para a Educação Infantil no contexto das reformas. *Educação & Sociedade.*, Campinas, v. 23, n. 80, set. 2002.

Cerquetti-Aberkane, F.; Berdonneau, C. *O ensino da Matemática na Educação Infantil.* Porto Alegre: Artes Médicas, 1997.

Ciríaco, K. T. Apresentação: entre o idioma das árvores e o perfume do Sol. In: Azevedo, P. D. de; Ciríaco, K. T. C. (Orgs.). *Outros olhares para a matemática*: experiências na Educação Infantil. São Carlos: Pedro & João Editores, 2020. p. 15-18. Disponível em: https://pedroejoaoeditores.com.br/2022/wp-content/uploads/2022/01/EbookGEOOM2-1.pdf. Acesso em: 15 dez. 2023.

Ciríaco, K. T. *Conhecimentos & práticas de professores que ensinam matemática na infância e suas relações com a ampliação do ensino fundamental.* Presidente Prudente: Unesp, 2012. Dissertação (Mestrado em Educação) – Faculdade de Ciências e Tecnologia, Universidade Estadual Paulista "Júlio de Mesquita Filho", Presidente Prudente, 2012. Disponível em: https://repositorio.unesp.br/items/6c17aa87-6876-466d-8c29-959250eb312b. Acesso em: 20 set. 2023.

Ciríaco, K. T.; Azevedo, P. D. de; Cremoneze, M. de L. Professoras de bebês e crianças bem pequenas: experiências com a linguagem matemática na creche. *Perspectivas da Educação Matemática*, Campo Grande, v. 16, n. 43, p. 1-21, 29 ago. 2023. Disponível em: https://periodicos.ufms.br/index.php/pedmat/article/view/17907/12950. Acesso em: 15 fev. 2024.

Cochran, M. (Ed.). *The international handbook of child care policies and programs.* Westport: Greenwood Press, 1993.

Clements, D. H.; Battista, M. T. Geometry and spatial reasoning. In: *Handbook of research ou mathematics teaching and learning.* Reston: NCTM, 1992. p. 420-464. Disponível em: https://psycnet.apa.org/record/1992-97586-018. Acesso em: 15 abr. 2024.

Corsino, P. As crianças de seis anos e as áreas de conhecimento. In: Brasil. Ministério da Educação. *Ensino Fundamental de nove anos*: orientações para a inclusão da criança de seis anos de idade. 2. ed. Brasília: MEC/SEB, 2007. p. 57-68. Disponível em: http://portal.mec.gov.br/seb/arquivos/pdf/Ensfund/ensifund9anobasefinal.pdf. Acesso em: 12 abr. 2024.

Curi, E. (Org.). *Professores que ensinam Matemática*: conhecimentos, crenças e práticas. São Paulo: Terracota, 2010.

D'Ambrosio, U. Prefácio. In: Borba, M. de C.; Araújo, J. de L. (Orgs.). *Pesquisa qualitativa em Educação Matemática*. Belo Horizonte: Autêntica, 2004. p. 11-22.

Davis, P. J.; Hersh, R. *A experiência matemática*. Rio de janeiro: Francisco Alves, 1986.

Dahlberg, G.; Moss, P.; Pence, A. *Qualidade na educação da primeira infância*: perspectivas pós-modernas. Porto Alegre: Penso, 2019.

Del Grande, J. J. Percepção espacial e geometria primária. In: Lindquist, M. M.; Shulte; A. P. *Aprendendo e pensando Geometria*. Tradução de Hygino H. Domingues. São Paulo: Atual, 1994.

Duarte, F. Professoras de bebês: as dimensões educativas que constituem a especificidade da ação docente. In: CONGRESSO DE EDUCAÇÃO BÁSICA: APRENDIZAGEM E CURRÍCULO, 2., 2012, Florianópolis. *Anais*... Florianópolis: COEB, 2012. p. 1-12. Disponível em: https://www.pmf.sc.gov.br/arquivos/arquivos/pdf/13_02_2012_10.57.57.28cafef3be1dcdb956ea860e7318ec7b.pdf. Acesso em: 15 maio 2024.

Dubar, C. *A socialização*: construção das identidades sociais e profissionais. Tradução de Anette Pierrette R. Botelho e Estela Pinto R. Lamas. Portugal: Porto Ed., 1997.

Edwards, C.; Gandini, L.; Forman, G. *As cem linguagens da criança*: a abordagem de Reggio Emilia na educação da primeira infância. Porto Alegre: Artmed, 1999.

Estevam, E. J. G. Educação Estatística na Educação Infantil: estruturando e discutindo tarefas num curso de pedagogia. In: CONGRESSO IBERO-AMERICANO DE EDUCAÇÃO MATEMÁTICA, 7., 2013, Montevidéu. *Anais*... Montevidéu: CIBEM, 2013. p. 4373-4383.

Faria, A. L. G. de. Políticas de regulação, pesquisa e pedagogia na Educação Infantil, primeira etapa da Educação Básica. *Educ. Soc.*, Campinas, vol. 26, n. 92 [Especial], p. 1013-1038, out. 2005. Disponível em: https://www.scielo.br/j/es/a/hPWVkh5NchdwbqLsSXnmkTQ/?format=pdf&lang=pt. Acesso em: 15 nov. 2023.

Faria, A. L. G. de; Palhares, M. S. (Orgs). *Educação infantil pós-LDB*: rumos e desafios. 5. ed. Campinas: Autores Associados, 2005.

Fávero, M. de L. *A formação do educador:* desafios e perspectivas. Rio de Janeiro: PUC-RJ, 1981.

Fiorentini, D. Pesquisar práticas colaborativas ou pesquisar colaborativamente? In: Borba, M. de C.; Araujo, J. L. (Orgs.). *Pesquisa qualitativa em Educação Matemática*. Belo Horizonte: Autêntica, 2004. p. 53-85.

Fochi, P. *"Mas os bebês fazem o quê no berçário, heim?"*: documentando ações de comunicação, autonomia e saber-fazer de crianças de 6 a 14 meses em contextos de vida coletiva. Porto Alegre: UFRGS, 2013. Dissertação (Mestrado em Educação) –

Programa de Pós-Graduação em Educação, Faculdade de Educação, Universidade Federal do Rio Grande do Sul, Porto Alegre, 2013. Disponível em: https://lume.ufrgs.br/bitstream/handle/10183/70616/000878275.pdf?sequence=1&isAllowed=y. Acesso em: 23 nov. 2023.

Fonseca, A. da E.; Estevam, J. G. Estocástica na Educação Infantil: abordagens e reflexões acerca do ensino de probabilidade, estatística e combinatória na infância. *Trilhas Pedagógicas*, Pirassununga, v. 7, n. 7, p. 245-262, ago. 2017. Disponível em: https://fatece.edu.br/arquivos/arquivos-revistas/trilhas/volume7/16.pdf. Acesso em: 15 nov. 2023.

Freire, M. *A paixão de conhecer o mundo*. Rio de Janeiro: Paz e Terra, 1983.

Freitas, H. C. L. de. A reforma do Ensino Superior no campo da formação dos profissionais da Educação Básica: as políticas educacionais e o movimento dos educadores. *Educação & Sociedade*, [S.l.], ano 20, n. 68, dez. 1999. Disponível em: https://www.scielo.br/j/es/a/Vrs3nk4WwjN7rWqqfmq4FpG/?format=pdf&lang=pt. Acesso em: 12 mar. 2024.

Freitas, L. C. Teoria pedagógica: limites e possibilidades. *Série Idéias*. São Paulo, F.D.E., 1995. p.37-46.

Freudenthal, H. *Mathematics as an Educational Task*. Dordrecht: D. Reidel Publishing Company, 1973.

Frostig, M., Horne, D. *The Frostig Program for the Development of Visual Perception*. Chicago: Follet Publishing Co, 1964.

Gardner, H. *Estruturas da mente*: a teoria das inteligências múltiplas. Porto Alegre: Artes Médicas. 1994.

Gonçalves, T. O.; Gonçalves, T. V. O. Reflexões sobre uma prática docente situada: buscando novas perspectivas para a formação de professores. In: Geraldi, C. M. G.; Fiorentini, D.; Pereira, E. M. de A. (Orgs.). *Cartografias do trabalho docente*: professor(a)-pesquisador(a). Campinas: Mercado das Letras; Associação de Leitura do Brasil - ALB, 1998. p. 105-133.

González, O. *Cabritos, cabritões*. Barueri: Callis, 2009.

Grando, R. C.; Moreira, K. G. Como crianças tão pequenas, cuja maioria não sabe ler nem escrever, podem resolver problemas de matemática? In: Carvalho, M. C.; Bairral, M. A. (Orgs). *Matemática e Educação Infantil*: investigações e possibilidades de práticas pedagógicas. 2. ed. Petrópolis: Vozes, 2014. p. 121-144.

Grando, R. C.; Toricelli, L.; Nacarato, A. M. (Orgs.). *De professora para professora*: conversas sobre iniciação matemática. São Carlos: Pedro e João Editores, 2008.

Haddad, L. O referencial curricular nacional para a Educação Infantil no contexto das políticas públicas para a infância: uma apresentação crítica. In: REUNIÃO ANUAL DA ASSOCIAÇÃO NACIONAL DE PÓS-GRADUAÇÃO E PESQUISA EM EDUCAÇÃO, 21., 1998, Caxambu. *Anais*... Caxambu: ANPEd, 1998.

Haddad, L. Tensões universais envolvendo a questão do currículo para a Educação Infantil. In: Dalben, Â.; Diniz, J.; Leal, L.; Santos, L. (Orgs.). *Convergências e tensões no campo da formação e do trabalho docente*. Belo Horizonte: Autêntica. 2010. p. 418-437.

Hargreaves, A.; Fullan, M. *What's Worth Fighting For Out There*. Nova York: Teachers College Press. 1998.

Kaleff, A. M.; Votto, B. G.; Corrêa, B. M. Utilizando quebra-cabeças planos especiais no ensino de Geometria. In: ENCONTRO NACIONAL DE EDUCAÇÃO MATEMÁTICA, 9., 2007, Belo Horizonte. *Anais*... Belo Horizonte: ENEM, 2007.

Kamii, C. *A criança e o número*: implicações educacionais da teoria de Piaget para a atuação com escolares de 4 a 6 anos. 39. ed. Campinas: Papirus, 2012.

Kishimoto, T. M. Encontros e desencontros na formação dos profissionais de educação infantil. In: Machado, M. L. de A. (Org.). *Encontros e desencontros em Educação Infantil*. 2. ed. São Paulo: Cortez, 2002.

Kishimoto, T. M. Pedagogia e formação de professores(as) de Educação Infantil. *Pro-Posições*, Campinas, v. 16, n. 3 (48), set./dez. 2005. Disponível em: https://www.fe.unicamp.br/pf-fe/publicacao/2333/48_artigos_kishimototm.pdf. Acesso em: 12 dez. 2023.

Kramer, S. A infância e a sua singularidade. In: Brasil. Ministério da Educação. *Ensino Fundamental de nove anos*: orientações para a inclusão da criança de seis anos de idade. 2. ed. Brasília: MEC/SEB, 2007. p. 13-24. Disponível em: http://portal.mec.gov.br/seb/arquivos/pdf/Ensfund/ensifund9anobasefinal.pdf. Acesso em: 29 dez. 2023.

Kramer, S.; Leite, M. I. *Infância*: fios e desafios da pesquisa. Campinas: Papirus, 1996.

Kuhlmann Jr., M. Histórias da Educação Infantil brasileira. *Revista Brasileira de Educação*, [S.l.], n. 14, mar./ago. 2000. Disponível em: https://www.scielo.br/j/rbedu/a/CNXbjFdfdk9DNwWT5JCHVsJ/?format=pdf&lang=pt. Acesso em: 13 maio 2024.

Lamonato, M.; Passos, C. L. B. Aprendizagens de professoras da Educação Infantil: possibilidades a partir da exploração-investigação em geometria. *Ciências & Cognição*, [S.l.], v. 14, n. 2, p. 92-112, jul. 2009. Disponível em: http://pepsic.bvsalud.org/scielo.php?script=sci_abstract&pid=S1806=58212009000200008-&lng=pt&nrm-iso. Acesso em: 10 abr. 2024.

Larrosa, J. Notas sobre a experiência e o saber de experiência. *Revista Brasileira de Educação*, [S.l.], n. 19, p. 20-29, jan./abr. 2002. Disponível em: https://www.scielo.br/j/rbedu/a/Ycc5QDzZKcYVspCNspZVDxC/?format=pdf&lang=pt. Acesso em: 5 set. 2023.

Lerner, D. *A Matemática na escola*: aqui e agora. Tradução de Juan Acuña Llorens. 2. ed. Porto Alegre: Artes Médicas, 1995.

Lima, M. S. L. (Org.). *Dialogando com a escola*. Fortaleza: Demócrito Rocha, 2002.

Lopes, C. A. Apresentação. In: Moura, A. R. L. de; Lopes, C. A. E. (Orgs.). *Encontro das crianças com o acaso, as possibilidades, os gráficos e as tabelas*. Campinas: Ed. Graf. FE/Unicamp – Cempem, 2002.

Lopes, C. A. E. *Matemática em projetos*: uma possibilidade. Campinas: Ed. Graf. FE/ Unicamp - Cempem, 2003a.

Lopes, C. A. E. *O conhecimento profissional dos professores e suas relações com estatística e probabilidade na Educação Infantil*. Campinas: Unicamp, 2003b. Tese (Doutorado em Educação) - Faculdade de Educação, Universidade Estadual de Campinas, Campinas, 2003b. Disponível em: https://repositorio.unicamp.br/jspui/bitstream/REPOSIP/253899/1/Lopes_CeliAparecidaEspasandin_D.pdf. Acesso em: 15 set. 2023.

Lopes, C. A. E.; Grando, R. C. Resolução de problemas na Educação Matemática para a infância. In: ENCONTRO NACIONAL DE DIDÁTICA E PRÁTICA DE ENSINO, 16., 2012, Campinas. *Anais*... Campinas: ENDIPE, 2012.

Lopes, J. J. M.; Vasconcellos, T. de. *Geografia da infância*: reflexões sobre uma área de pesquisa. Juiz de Fora: FEME, 2005.

Lorenzato, S. *Educação Infantil e percepção matemática*. Campinas: Autores Associados, 2006.

Lorenzato, S. Que Matemática ensinar no primeiro dos nove anos do Ensino Fundamental? In: CONGRESSO DE LEITURA DO BRASIL, 17., 2009, Campinas. *Anais*... Campinas: Associação de Leitura do Brasil. Disponível em: https://alb.org.br/arquivo-morto/edicoes_anteriores/anais17/txtcompletos/sem07/COLE_2698.pdf. Acessado em: 1 set. 2024.

Lüdke, M.; André, M. E. D. A. *Pesquisa em educação*: abordagens qualitativas. São Paulo: E.P.U., 1986.

Machado, A. M. *O tesouro da raposa*. 2. ed. São Paulo: Salamandra, 2013.

Malaguzzi, L. História, ideias e filosofia básica. In: Edwards, C.; Gandini, L.; Forman, G. *As cem linguagens da criança*: a abordagem de Reggio Emilia na educação da primeira infância. Porto Alegre: Artes Médicas, 1999. p. 59-104.

Maranhão, M. C.; Carvalho, M. O que professores dos anos iniciais ensinam sobre números. *Perspectivas para a Educação Matemática*, Campo Grande, v. 1, n. 1, 2008. Disponível em: https://periodicos.ufms.br/index.php/pedmat/article/view/2808/2138. Acesso em: 15 abr. 2024.

Mello, S. A. Concepção de criança e democracia na escola da infância: a experiência de Reggio-Emilia. In: *Cadernos da Faculdade de Filosofia e Ciências de Marília*. Marília: Unesp Publicações, 2000. v. 9, n. 1. p. 83-93

Mizukami, M. da G. N. Aprendizagem da docência: algumas contribuições de L. S. Shulman. *Educação*, Santa Maria, v. 29, n. 2, p. 33–50, 2004. Disponível em: https://periodicos.ufsm.br/reveducacao/article/view/3838. Acesso em: 15 jul. 2024.

Moreira, P. C.; David, M. M. M. S. *A formação matemática do professor*: licenciatura e prática docente escolar. Belo Horizonte: Autêntica, 2007.

Moura, A. R. L. de. *A medida e a criança pré-escolar*. Campinas: Unicamp, 1995. Tese (Doutorado em Educação) – Faculdade de Educação, Universidade Estadual de Campinas, Campinas, 1995. Disponível em: https://repositorio.unicamp.br/acervo/detalhe/83957. Acesso em: 12 out. 2023.

Moura, A. R. L. de; Lorenzato, S. O medir de crianças pré-escolares. *Zetetiké*, Campinas, v. 9, n. 1-2, p. 7-42, 2001. DOI: 10.20396/zet.v9i15-16.8646932. Disponível em: https://periodicos.sbu.unicamp.br/ojs/index.php/zetetike/article/view/8646932. Acesso em: 20 maio 2024.

Moura, M. O. de. *Controle da variação de quantidades*: atividades de ensino. São Paulo: FE/USP, 1996.

Nacarato, A. M. Eu trabalho primeiro no concreto. *Revista de Educação Matemática* (Revista da Sociedade Brasileira de Educação Matemática), São Paulo, v. 9, n. 9-10, p. 1-6. 2004.

Nacarato, A. M.; Mengali, B. L. da S.; Passos, C. L. B. *A Matemática nos anos iniciais do Ensino Fundamental*: tecendo fios do ensinar e do aprender. Belo Horizonte: Autêntica, 2009.

Nacarato, A. M.; Moreira, K. G.; Custódio, I. A. Educação Matemática e estudos (auto)biográficos: um campo de investigação em construção. *Revista Brasileira de Pesquisa (Auto)biográfica*, Salvador, v. 4, n. 10, p. 21-47, 19 abr. 2019. Disponível em: https://www.revistas.uneb.br/index.php/rbpab/article/view/5809/pdf. Acesso em: 19 set. 2023.

Niss, M. O projeto dinamarquês KOM e suas relações com a formação de professores. In: Borba, M. de C. (Org.). *Tendências internacionais em formação de professores de Matemática*. Belo Horizonte: Autêntica, 2006. p. 27-44.

Oliveira-Formosinho, J.; Kishimoto, T. M.; Pinazza, M. A. (Orgs.). *Pedagogia(s) da infância*: dialogando com o passado, construindo o futuro. Porto Alegre: Artmed, 2007.

Oliveira, Z. de M. R. de. Como cada um de nós chegou a ser o que é hoje? In: Oliveira, Z. de M. R. de. *et al.* (Orgs.). *Creches*: crianças, faz de conta e cia. 16. ed. Petrópolis: Vozes, 2011a.

Oliveira, Z. de M. R. de. *Educação Infantil*: fundamentos e métodos. São Paulo: Cortez, 2011b.

Oliveira, Z. R. de; Maranhão, D.; Abbud, I.; Zurawski, M. P.; Ferreira, M. V.; Augusto, S. *O trabalho do professor na Educação Infantil*. São Paulo: Biruta, 2012.

Pavanello, R. O abandono do ensino da geometria no Brasil: causas e conseqüências. *Zetetiké*, Campinas, v. 1, n. 1, p. 7-17, mar. 1993. Disponível em: https://www.researchgate.net/publication/277799094_O_abandono_do_ensino_da_geometria_no_Brasil_causas_e_consequencias_p7-18. Acesso em: 14 jul. 2024.

Pereira, L. M.; Pereira, A. M. Geografia da Infância: reflexões sobre um teatro com bebês e crianças e outras territorialidades. *Instrumento: Rev. Est. e Pesq. em Educação*, Juiz de Fora, v. 24, n. 2, p. 518-537, maio/ago. 2022. Disponível em: https://periodicos.ufjf.br/index.php/revistainstrumento/article/view/36971/24720. Acesso em: 12 jun. 2024.

Pimenta, S. G. (Org.). *Saberes Pedagógicos e atividade docente.* São Paulo, Cortez:1999.

Placco, V. M. N. S.; Souza, V. L. T. *Aprendizagem do adulto professor.* São Paulo: Loyola, 2006.

Ramos, T. K. G. Os fazeres de bebês e suas professoras na organização pedagógica centrada na criança. *Rev. FAEEBA – Ed. e Contemp.*, Salvador, v. 27, n. 51, p. 133-144, jan./abr. 2018. Disponível em: http://educa.fcc.org.br/pdf/faeeba/v27n51/0104-7043-faeeba-27-51-133.pdf. Acesso em: 5 set. 2023.

Ribeiro, A. da S. *A Geometria na Educação Infantil*: concepções e práticas de professores. Presidente Prudente: Unesp, 2010. Dissertação (Mestrado em Educação) – Faculdade de Ciências e Tecnologia, Universidade Estadual Paulista "Júlio de Mesquita Filho", Presidente Prudente, 2010. Disponível em: https://repositorio.unesp.br/server/api/core/bitstreams/89f1fb87-fa96-4084-86b4-4a6266b2e91f/content. Acesso em: 28 nov. 2023

Richter, S. R. S.; Barbosa, M. C. S. Os bebês interrogam o currículo: as múltiplas linguagens na creche. *Educação*, Santa Maria, v. 1, n. 1, p. 85-96, 2010. DOI: 10.5902/198464441605. Disponível em: https://periodicos.ufsm.br/reveducacao/article/view/1605. Acesso em: 15 jul. 2024.

Rocha, E. A. C. A Pedagogia e a Educação Infantil. *Revista Ibero Americana de Educación.* [S.l.], n. 22, p. 1-13, jan./abr. 2000. Disponível em: https://rieoei.org/historico/documentos/rie22a03.htm. Acesso em: 26 mar. 2024.

Rocha, E. A. C. *Infância e Pedagogia*: dimensões de uma intrincada relação. Campinas: Unicamp, 1996. (mimeografado)

Rosemberg, F.; Campos, M. M. *Creches e pré-escola no hemisfério norte***.** São Paulo: Cortez; Fundação Carlos Chagas, 2004.

Saiz, I. E. A direita... de quem? Localização espacial na Educação Infantil e nas séries iniciais. In: Panizza, M. (Org.). *Ensinar Matemática na Educação Infantil e nas séries iniciais*: análise e proposta. Porto Alegre: Artmed, 2006. p. 143-165.

Santos, M. *Território e dinheiro.* Niterói: UFF/AGB. 2002.

Santos, S. V. S. dos. Currículo da Educação Infantil: considerações a partir das experiências das crianças. *Educação em Revista*, Belo Horizonte, v. 34, e188125, 2018. Disponível em: http://www.scielo.br/scielo.php?script=sci_arttext&pid=S0102-46982018000100149&lng=pt&nrm=iso. Acesso em: 10 abr. 2024.

Shulman. L. S. Those who understand: knowledge growth in teaching. *Educational Researcher*, [S.l.], v. 15, n. 2, p. 4-14, 1986.

Silva, R. da. *A implementação do Ensino Fundamental de nove anos e seus efeitos para a Educação Infantil*: um estudo em municípios catarinenses. Florianópolis: UFSC, 2009. Dissertação (Mestrado em Educação) – Universidade Federal de Santa Catarina, Florianópolis. 2009. Disponível em: http://www.ppgeufsc.com.br. Acesso em: 3 mar. 2024.

Smole, K. C. S. *A Matemática na Educação Infantil*: a teoria das inteligências múltiplas na prática escolar. Porto Alegre: RS. Artmed, 2003.

Smole, K. C. S.; Diniz, M. I.; Cândido, P. *Brincadeiras infantis nas aulas de Matemática*. Porto Alegre: Artes Médicas, 2000a. v. 1.

Smole, K. C. S.; Diniz, M. I.; Cândido, P. *Matemática de 0 a 6*: figuras e formas. Porto Alegre: Artes Médicas, 2003.

Smole, K. C. S.; Diniz, M. I.; Cândido, P. *Matemática de 0 a 6*: resolução de problemas. Porto Alegre: Artes Médicas, 2000b.

Smole, K. C. S.; Rocha, G. H. R.; Cândido, P. T.; Stancanelli, R. *Era uma vez na Matemática*: uma conexão com a literatura infantil. 4. ed. São Paulo: IME-USP, 2000.

Souza, A. C. *Educação estatística na infância*. São Paulo: UCS, 2007. Dissertação (Mestrado em Ensino de Ciências e Matemática) – Universidade Cruzeiro do Sul, São Paulo, 2007.

Souza, A. C. *O desenvolvimento profissional de educadoras de infância*: uma aproximação da Educação Estatística. São Paulo: UCS, 2013. Tese (Doutorado em Ensino de Ciências e Matemática) – Universidade Cruzeiro do Sul, São Paulo, 2013. Disponível em: https://sucupira.capes.gov.br/sucupira/public/consultas/coleta/trabalhoConclusao/viewTrabalhoConclusao.jsf?popup=true&id_trabalho=1078691. Acesso em: 10 fev. 2024.

Tancredi, R. M. S. P. Que matemática é preciso saber para ensinar na Educação Infantil? *Revista Eletrônica de Educação*, São Carlos, v. 6, n. 1, p. 284-298, maio 2012. Disponível em: http://www.reveduc.ufscar.br/index.php/reveduc/article/viewFile/316/157. Acesso em: 1 jun. 2024.

Tancredi, R. M. S. P. A matemática na Educação Infantil: algumas ideias. In: Pirola, N. A.; Amaro, F. O. S. T. (Orgs.). *Pedagogia Cidadã:* Cadernos de Formação: Educação Matemática. São Paulo: Unesp, 2004. p. 43-59.

Tardif, M. *Saberes docentes e formação profissional*. 8. ed. Petrópolis: Vozes, 2007.

Tardif, M. Saberes profissionais dos professores e conhecimentos universitários: elementos para uma epistemologia da prática profissional dos professores e suas conseqüências em relação à formação para o magistério. *Revista Brasileira de Educação*, [S.l.], n. 13, jan.-abr., 2000. Disponível em: http://educa.fcc.org.br/pdf/rbedu/n13/n13a02.pdf. Acesso em: 25 out. 2023.

Tebet, G. G. de C. Inserindo a matemática na educação infantil. *Brasileirinhos*, [S.l.], 26 jul. 2000.

Tebet, G. G. de C. Territórios de infância e o lugar dos bebês. *Educação em Foco*, Juiz de Fora, v. 23, n. 3, p. 1007-1030, set./dez., 2018. Disponível em: https://periodicos.ufjf.br/index.php/edufoco/article/view/20114. Acesso em: 5 maio 2024.

Tortora, E. *O lugar da Matemática na Educação Infantil*: um estudo sobre as atitudes e crenças de autoeficácia das professoras no trabalho com as crianças. Bauru: Unesp, 2019. Tese (Doutorado em Educação para Ciência) – Faculdade de

Ciências, Universidade Estadual Paulista "Júlio de Mesquita Filho", Bauru, 2019. Disponível em: https://repositorio.unesp.br/bitstream/handle/11449/191442/tortora_e_dr_bauru_sub.pdf?sequence=5&isAllowed=y. Acesso em: 5 mar. 2024.

Tristão, F. C. D. Ser professora de bebês: uma profissão marcada pela sutileza. *ZERO--A-SEIS*, Florianópolis, v. 6 n. 9, jan./jun. 2004. Disponível em: https://periodicos.ufsc.br/index.php/zeroseis/article/view/9360/8612. Acesso em: 23 set. 2023.

Van de Walle, J. A. *Matemática no Ensino Fundamental*: formação de professores e aplicação em sala de aula. 6. ed. Porto Alegre: Artmed, 2009.

Wilson, S. M.; Shulman, L. S.; Richert, A. E. "150 different ways" of knowing: Representations of knowledge in teaching. In: Calderhead, J. (Org.). *Exploring teacher's thinking*. Londres: Cassel Education, 1987. p. 104-124.

Outros títulos da coleção

Tendências em Educação Matemática

A formação matemática do professor – Licenciatura e prática docente escolar
Autores: *Plinio Cavalcante Moreira e Maria Manuela M. S. David*

A matemática nos anos iniciais do ensino fundamental – Tecendo fios do ensinar e do aprender
Autoras: *Adair Mendes Nacarato, Brenda Leme da Silva Mengali e Cármen Lúcia Brancaglion Passos*

Afeto em competições matemáticas inclusivas – A relação dos jovens e suas famílias com a resolução de problemas
Autoras: *Nélia Amado, Susana Carreira e Rosa Tomás Ferreira*

Álgebra para a formação do professor – Explorando os conceitos de equação e de função
Autores: *Alessandro Jacques Ribeiro e Helena Noronha Cury*

Análise de erros – O que podemos aprender com as respostas dos alunos
Autora: *Helena Noronha Cury*

Aprendizagem em Geometria na educação básica – A fotografia e a escrita na sala de aula
Autoras: *Cleane Aparecida dos Santos e Adair Mendes Nacarato*

Brincar e jogar – Enlaces teóricos e metodológicos no campo da Educação Matemática
Autor: *Cristiano Alberto Muniz*

Da etnomatemática a arte-design e matrizes cíclicas
Autor: *Paulus Gerdes*

Descobrindo a Geometria Fractal – Para a sala de aula
Autor: *Ruy Madsen Barbosa*

Diálogo e aprendizagem em Educação Matemática
Autores: *Helle Alrø e Ole Skovsmose*

Didática da Matemática – Uma análise da influência francesa
Autor: *Luiz Carlos Pais*

Educação a distância online
Autores: *Marcelo de Carvalho Borba, Ana Paula dos Santos Malheiros e Rúbia Barcelos Amaral*

Educação Estatística – Teoria e prática em ambientes de modelagem matemática
Autores: *Celso Ribeiro Campos, Maria Lúcia Lorenzetti Wodewotzki e Otávio Roberto Jacobini*

Educação Matemática de Jovens e Adultos – Especificidades, desafios e contribuições
Autora: *Maria da Conceição F. R. Fonseca*

Educação Matemática e educação especial – Diálogos e contribuições
Autora: *Maria da Conceição F. R. Fonseca*

Etnomatemática – Elo entre as tradições e a modernidade
Autores: *Ana Lúcia Manrique e Elton de Andrade Viana*

Etnomatemática em movimento
Autoras: *Gelsa Knijnik, Fernanda Wanderer, Ieda Maria Giongo e Claudia Glavam Duarte*

Fases das tecnologias digitais em Educação Matemática – Sala de aula e internet em movimento
Autores: *Marcelo de Carvalho Borba, Ricardo Scucuglia Rodrigues da Silva e George Gadanidis*

Filosofia da Educação Matemática
Autores: *Maria Aparecida Viggiani Bicudo e Antonio Vicente Marafioti Garnica*

História na Educação Matemática – Propostas e desafios
Autores: *Antonio Miguel e Maria Ângela Miorim*

Informática e Educação Matemática
Autores: *Marcelo de Carvalho Borba e Miriam Godoy Penteado*

Interdisciplinaridade e aprendizagem da Matemática em sala de aula
Autoras: *Vanessa Sena Tomaz e Maria Manuela M. S. David*

Investigações matemáticas na sala de aula
Autores: *João Pedro da Ponte, Joana Brocardo e Hélia Oliveira*

Lógica e linguagem cotidiana - Verdade, coerência, comunicação, argumentação
Autores: *Nílson José Machado e Marisa Ortegoza da Cunha*

Matemática e arte
Autor: *Dirceu Zaleski Filho*

Modelagem em Educação Matemática
Autores: *João Frederico da Costa de Azevedo Meyer, Ademir Donizeti Caldeira e Ana Paula dos Santos Malheiros*

O uso da calculadora nos anos iniciais do ensino fundamental
Autoras: *Ana Coelho Vieira Selva e Rute Elizabete de Souza Borba*

Pesquisa em ensino e sala de aula - Diferentes vozes em uma investigação
Autores: *Marcelo de Carvalho Borba, Helber Rangel Formiga Leite de Almeida e Telma Aparecida de Souza Gracias*

Pesquisa qualitativa em Educação Matemática
Organizadores: *Marcelo de Carvalho Borba e Jussara de Loiola Araújo*

Psicologia da Educação Matemática
Autor: *Jorge Tarcísio da Rocha Falcão*

Relações de gênero, educação matemática e discurso - Enunciados sobre mulheres, homens e matemática
Autoras: *Maria Celeste R. F. de Souza e Maria da Conceição F. R. Fonseca*

Tendências internacionais em formação de professores de Matemática
Organizador: *Marcelo de Carvalho Borba*

Vídeos na educação matemática - Paulo Freire e a quinta fase das tecnologias digitais
Autores: *Daise Lago Pereira Souto, Marcelo de Carvalho Borba e Neil da Rocha Canedo Junior*

Este livro foi composto com tipografia Minion Pro e impresso
em papel Off-White 70 g/m² na Formato Artes Gráficas.